はじめに
INTRODUCTION

　四方を海に囲まれ、広大な領海と排他的経済水域を有する、世界屈指の海洋国家日本にとって、「海」がもたらすものは恩恵のみではありません。

　海上保安庁は、昭和23年の創設以来、脈々と受け継ぐ「正義仁愛」の精神のもと、「海」がもたらす様々な脅威から、国民の安全と安心を守り抜くため、昼夜を問わず多岐にわたる業務を遂行しています。

　日本を取り巻く安全保障環境が厳しさを増し、複雑な状況にある今、海上における法執行機関である海上保安庁が担う役割が不可欠であることが確認され、新たな国家安全保障戦略等の策定にあわせて、海上保安能力強化に関する方針が決定されました。

　この「海上保安レポート2023」では、「未来を守る、海上保安庁」をテーマに、海上保安業務に関する最新の情勢と今後の展望、厳しさを増す日本の周辺海域における情勢に対応し日本の未来を守り抜くために必要となる6つの海上保安能力について紹介しています。

　平和で豊かな海を守り抜き、次世代に継承するため、海上保安能力強化に関する方針に基づく海上保安能力強化を一層推進するとともに、海上保安庁全職員が一丸となり、任務を全うしてまいります。

　本書をお読みになり、海上保安庁に対するご理解が少しでも深まれば幸いです。

令和5年5月

海上保安レポート 2023

PL 202　おおすみ　JAPAN COAST GUARD

海上保安の一年

海上保安能力の強化

令和4年12月16日に「海上保安能力強化に関する関係閣僚会議」が開催され「海上保安能力強化に関する方針」が決定されました。これは、厳しさを増す我が国周辺海域の情勢を踏まえ、新たな国家安全保障戦略等の策定にあわせて、平成28年に決定された「海上保安体制強化に関する方針」の見直しを行い、中期的な期間を見据えて取り組む能力強化の方向性を示したものです。

これまでの方針では、尖閣**領海**警備体制をはじめとして、主に巡視船・航空機等の増強整備などのハード面の取組を推進してまいりました。新たな方針では、巡視船・航空機等の大幅な増強整備などのハード面の取組に加え、新技術の積極的な活用や、警察、防衛省・自衛隊、外国海上保安機関等の国内外の関係機関との連携・協力の強化、サイバー対策の一層の強化などのソフト面の取組を推進することにより、海上保安業務の遂行に必要な6つの能力（海上保安能力）を一層強化することとしています。

海上保安能力として、新たに追加された「連携・支援能力」については、防衛大臣による海上保安庁の統制要領の策定などを含め、警察、自衛隊等の関係機関との連携・協力の強化、外国海上保安機関等との連携・協力や諸外国への海上保安能力向上支援を一層推進することとしています。

今後、本方針に基づき、海上保安能力を一層強化することにより、警察機関として、法とルールの支配に基づく、平和で豊かな海を守り抜いていく所存です。

～強化すべき6つの能力～

❶ 新たな脅威に備えた高次的な尖閣領海警備能力
❷ 新技術等を活用した隙の無い広域海洋監視能力
❸ 大規模・重大事案同時発生に対応できる強靭な事案対処能力
❹ 戦略的な国内外の関係機関との連携・支援能力
❺ 海洋権益確保に資する優位性を持った海洋調査能力
❻ 強固な業務基盤能力

海上保安能力強化に関する関係閣僚会議

無操縦者航空機 「シーガーディアン」運用開始

離陸したシーガーディアン

　令和4年10月19日、海上保安庁初となる無操縦者航空機「シーガーディアン」が運用拠点である海上自衛隊八戸飛行場を離陸し、海上保安庁の歴史に新たな1ページを刻みました。

　無操縦者航空機とは、地上のコントロール施設から衛星等を介して遠隔で操縦するシステムを有する航空機です。

　海上保安庁では、平成28年に海上保安体制強化に関する関係閣僚会議で決定された「海上保安体制強化に関する方針」に基づく海洋監視体制強化の取組の一環として、新技術を用いた効果的・効率的な体制を構築すべく、導入の検討を開始しました。令和2年には、シーガーディアンを用いた飛行実証を実施し、無操縦者航空機の安全性を確認した上で、より効果的・効率的に海上保安業務を遂行できるとの結論に至り、導入を決定しました。

　シーガーディアンは、24時間以上の航続性能により広範囲かつ昼夜を問わない情報収集が可能であり、搭載している高性能の可視カメラ、赤外線カメラにより船舶等の細部まで鮮明に撮影できるなど、これまでより得られる情報の量と質が向上しています。また、撮影した映像などの情報をリアルタイムかつ長時間に

わたり、安定的に本庁などの陸上部署と共有できることもシーガーディアンの大きな強みであり、より正確で効率的な状況把握と迅速な判断につながるものと考えています。

　今後は、無操縦者航空機の運用体制をさらに充実させ、これを活用することにより、我が国周辺海域における海洋監視体制をより一層強化してまいります。また、その監視能力やリアルタイムの情報共有機能を駆使し、災害や海難の発生時における効果的な活用にも大きく期待しています。

シーガーディアンが
撮影した可視画像

地上コックピット

雪の中のシーガーディアン

SAPPHIRE

日米の海上保安機関である海上保安庁と米国沿岸警備隊は、1948年の海上保安庁創設期より深く交流し、様々な機会を通じて、連携・協力の強化を図ってきており、2010年、両機関は、人的交流や情報交換等に関する協力推進のため、協力覚書（MEMORANDUM OF COOPERATION）を締結しました。

近年「自由で開かれたインド太平洋」の実現に向け、法の支配に基づく海洋秩序の維持・強化にかかる取組を推進するにあたり、両機関の連携・協力がより重要になっているところ、今般更なる連携・協力の強化

米国沿岸警備隊との協力覚書付属文書 署名式

のため、2010年の協力覚書に付属文書を作成することとし、令和4年5月18日、この付属文書の署名式を行いました。

両機関は、この文書において、日米海上保安機関の共同の取組を「SAPPHIRE*（サファイア）」と呼称するとともに、今後、共同オペレーション、合同訓練、職員交流等を更に促進することとなりました。

海上保安庁としては、今後もこのような取組を通じて、両機関の海上法執行の手法や手続に関する相互理解を深め、互いの能力を向上させるとともに、外国海上保安機関への能力向上支援等にも反映させるなど、法の支配に基づく自由で開かれたインド太平洋の実現に向け、米国沿岸警備隊との連携・協力を深化させてまいります。

海上保安庁と米国沿岸警備隊の合同訓練

フィリピン沿岸警備隊に対する日米連携による能力向上支援
（令和4年10月23日〜11月5日）

*SAPPHIRE：Solid Alliance for Peace and Prosperity with Humanity and Integrity on the Rule-of-law based Engagement
「法の支配の取組における誠実と仁愛に基づいた平和と繁栄のための強固な連携」

04 知床半島沖遊覧船沈没事案

令和4年4月23日午後1時13分頃、第一管区海上保安本部では、知床半島沿岸沖を航行中の遊覧船「KAZU I（カズワン）」の海難情報を受け、巡視船艇、航空機等を発動し、対応にあたりました。

海上保安庁では、警察や自衛隊といった関係機関や関係自治体の勢力に加え、水難救済会所属のボランティア救助員や地元の漁船を含む民間救助船等とも協力して捜索救助活動を実施しており、これまでに、巡視船艇延べ1077隻、航空機延べ309機（令和5年3月31日）の勢力で対応しています。

海上保安庁では、事故発生後、関係機関との迅速な情報共有や連携協力に関し、直ちに徹底的な点検を行いました。同点検を踏まえ、防衛省・自衛隊との間においては、自衛隊への災害派遣要請に関し、初動時において現場の状況にかかる情報が不足する場合であっても、事故発生直後から情報共有のうえ即時に災害派遣要請できるよう、手続きを見直し、迅速化を図りました。また、警察や消防等の関係機関との間においては、中央及び地方レベルにおいて、情報伝達訓練や海難救助を想定した実動訓練を実施するなど、情報共有の迅速化を含め、関係機関との連携を強化しました。

さらに、北海道東部海域における救助・救急体制を強化するため、釧路航空基地に**機動救難士**を新たに配置したほか、同基地へのヘリコプターの増強やオホーツク海域に面する部署への大型巡視船の配備を行うことにより、更なる救助・救急体制の強化を図ることとしています。

「KAZU I（カズワン）」確認位置

通報位置

カシュニの滝
ウトロ港
知床半島

民間救助船による捜索状況

知床岬沖での
巡視船による捜索状況

海岸部の捜索状況

トルコ南東部を震源とする地震への対応

活動状況（JICA提供）

　現地時間令和5年2月6日午前4時17分頃、トルコ共和国南東部を震源とした大規模な地震が発生しました。この地震により、広範囲にわたり家屋が倒壊し、多くの死傷者が発生しました。同国政府からの要請に基づき、行方不明者の捜索・救助活動を実施するため、我が国から国際緊急援助隊・救助チームを派遣しました。海上保安庁においては、国際緊急援助隊・救助チームとして本庁から同チームの安全管理を担う副団長を始め、**特殊救難隊**の隊員や各管区の**機動救難士**計14名を派遣しました。

　現地では、余震の影響により救助活動中も家屋の崩壊が進む等、極めて危険な環境であったほか、タンクに貯めた水が氷るほどの極寒の中での活動となりました。過去の派遣と比較しても、非常に過酷な環境下での活動となりましたが、一人でも多くの行方不明者をご家族の元へと返すべく任務を遂行し、派遣した職員は事故なく活動を終えて無事に帰国しました。活動中は現地の方々から差入れをいただく等、両国の友好関係に大きく影響する派遣となりました。

　海上保安庁では、国際緊急援助隊の一員として、年間を通じて他機関と様々な合同訓練を実施し、いつどこで起こるかわからない災害に備えています。引き続き、国内の海難・災害対応のみならず、世界各国での活動を見据えて備えてまいります。

長官への帰朝報告

シンクタンク機能の強化！海上保安国際研究センター開設

　近年、我が国を取り巻く海洋における諸問題が年々増大、複雑化しており、海洋の安全保障に関わる喫緊の課題に対して、海上保安分野の学術的観点からの研究・分析や提言発信が強く求められています。このため、令和5年4月、海上保安大学校の「国際海洋政策研究センター」を「海上保安国際研究センター」に名称変更するとともに、海洋の安全保障に関する諸課題に対応するためシンクタンク機能を強化します。これにより、現在の本拠地である呉のみならず、東京にも拠点を設置し、海洋の安全保障に関する研究者を配置して、国内外の研究機関・教育機関との交流や共同研究を推進していきます。また、定期的にシンポジウムを開催し、研究者間のネットワーク作りにも取組んでいきます。これまで以上に海上保安分野の研究を

推進・対外発信を強化することによって、世界的な議論を牽引する海上保安機関のシンクタンクとして、海上保安分野における戦略上のソフトパワーとして貢献していくことを期待しています。

07 第十一管区海上保安本部 設立50周年

海難船舶から乗組員を救助する巡視船 犯罪取締り 急患輸送(那覇航空基地)

第十一管区海上保安本部は、昭和47年5月、沖縄県の本土復帰と同時に設立され、沖縄県とともに令和4年5月に50周年を迎えました。

設立当初は、巡視船艇8隻、航空機(ヘリコプター)2機、職員334人の少数管区でしたが、尖閣諸島をはじめとする国内外の情勢が激動する中で、令和4年12月末現在では巡視船艇等49隻、航空機15機(固定翼7機、ヘリコプター8機)、職員1,972人という日本一の大規模管区となりました。

この50年の活動を振り返ると、救難分野では、海難等からの救助人数は7,000人、離島からの急患搬送は3,000人を超え、警備分野では、昭和50年に行われた沖縄国際海洋博覧会の海上警備や平成12年の九州・沖縄サミットにおける海上警備、平成22年の中国漁船による巡視船衝突事件など、様々な業務に当たってきました。また、尖閣諸島では、平成24年の我が国による三島の取得・保有以降、中国海警察局に所属する船舶等の活動が活発化しており、令和4年には**接続水域**での中国海警局に所属する船舶の年間確認が336日に達し、過去最多を更新するなど、十一管区を取り巻く状況は一層厳しさを増しています。

こうした激動の半世紀の活動の節目に当たり、十一管区では記念誌の作成を始め、小学生を対象とした子供向けイベント、オリジナル切手の作成や灯台フォトコンテストなど様々な記念事業を行いました。

これからも十一管区は、海上における安全・安心に貢献し、国民の負託に応えられるよう一致団結して業務に邁進してまいります。

50周年記念キッズイベント

オリジナル切手

記念誌

08 大型巡視船が続々進水!

令和4年6月30日 PLH「あさなぎ」進水式

令和4年6月30日に山口県下関市所在の三菱造船(株)下関事業所において行われたヘリコプター搭載型巡視船「あさなぎ」の進水を皮切りに、ヘリコプター搭載型巡視船「ゆみはり」、大型巡視船「やえやま」及び「はてるま」等巡視船艇9隻が進水しています。現在は、就役に向け、それぞれの巡視船艇が携わる業務内容に合わせた艤装を行っているところであり、今後の海上保安業務において重要な役割を担うことが期待されています。

令和4年11月30日PL「やえやま」進水式

船型	船名	船名の意味・由来
PLH	あさなぎ	夏の季語「朝凪」を由来としており、日本の発展に貢献できるようにと思いを込めて
PLH	ゆみはり	秋の季語「弓張月」を由来としており、乗組員一丸となり困難を乗り越えていけるようにと思いを込めて
PL	やえやま	沖縄県に所在する大小10の島からなる「八重山諸島」が由来
PL	はてるま	沖縄県に所在する島の名称である「波照間島」が由来

「海しる」に海洋教育コンテンツが誕生

令和4年9月、海上保安庁では、様々な海洋情報を集約して地図上に重ね合わせて表示できる**海洋状況表示システム「海しる」**に、海洋教育コンテンツを追加しました。

本コンテンツでは、小学校、中学校の理科、社会科で学ぶ学習単元のうち、海洋に関する単元を網羅しており、学習者は自由に単元を選んで学ぶことができます。

「**海しる**」トップページから本コンテンツにアクセスすると、理科における天気・災害・環境や、社会における地形・産業など、教科・単元を選択できるメニュー画面が表示されます。

メニュー画面から学びたい単元を選択すると、「**海しる**」に掲載されている情報のうち、その単元の関連情報のみが選択された「**海しる**」マップの解説ページを見て、さらに実際の「**海しる**」マップにアクセスして学習できる構成になっています。

学習者は学びたい単元の関連情報が表示された「**海しる**」のマップを見て、海の上の風や波など、時々刻々と移り変わる「海の今」の状況を知ることができます。

また、表示させたマップの場所の移動、縮尺や表示情報の切替えなどの操作も自分でできるので、身近な地域をクローズアップして見たり、さらに知りたい情報を地図上に重ね合わせて情報間の関連性をビジュアル的に理解したりすることもできます。

これらの自由なマップの操作を通して、学習者はあたかも「海しる」上で旅するかのように楽しみながら、海について主体的に学んでいくことができます。

このような地理空間情報システム（Geographic Information System：GIS）の特徴を生かした本コンテンツは、わが国の海洋教育の推進に向けて広く活用されることが期待されます。

「海しる」マップの解説ページ

「航路標識協力団体」指定！

>>> **航路標識協力団体の内訳**
（令和5年4月1日現在）

区　分	団体数
市町村等	13
地域振興団体等	26
民間企業	3
その他	2
合　計	44

海上保安庁では、地域の実情に応じた航路標識管理体制の一層の充実や灯台等の航路標識を活用してもらうことを目的として、令和3年11月、航路標識法を一部改正し、航路標識協力団体制度を創設しました。航路標識協力団体（以下「協力団体」）とは、同法に基づき海上保安庁が指定した団体であり、航路標識の維持管理や航路標識に関する知識の普及及び啓発等を自発的に行う民間団体等をいいます。

制度創設後、初の協力団体の募集では、全国36の灯台に対して、23団体から申請があり、令和4年2月、各灯台を管理している管区海上保安本部長が23団体すべてを協力団体として指定し、指定証を交付しました。また、令和4年11月から第二回目の募集を行い、令和5年2月、新たに21団体を協力団体として指定しました。なお、協力団体の募集は、毎年行うこととしています。

宮崎県日南市に所在する鞍埼灯台では、海上保安庁が指定した協力団体が灯台の一般公開をするのであればと、職員が工夫を凝らし、海上保安部長からの指定証交付に併せて、職員手作りの灯台レプリカキーを手交しました。

協力団体の活動としては、さまざまな活動が行われていますが、その代表事例として、千葉県いすみ市に所在する太東埼灯台では、地元の小学生や市民の方々と一緒に灯台周辺の清掃活動等を行うイベントが実施されたほか、和歌山県東牟婁郡串本町に所在する潮岬灯台では、クリスマスに併せて灯台イルミネーションが行われ、普段見られない光景に、灯台を訪れた多くの方々が幻想的な雰囲気に包まれました。

これらの活動が、航路標識の維持管理により一層貢献し、地域の活性化に資することを期待しています。

指定証交付
（「道の駅なんごう」にて）

灯台周辺の清掃、草刈

職員手作りの灯台レプリカキー

クリスマスに併せ灯台イルミネーション実施

斉藤国土交通大臣、石井国土交通副大臣による海上保安大学校・海上保安学校卒業生への激励

海上保安大学校卒業生と斉藤国土交通大臣による記念撮影

令和5年3月26日に広島県呉市で行われた海上保安大学校卒業式・修了式に斉藤鉄夫国土交通大臣が出席し、また、令和4年3月25日に京都府舞鶴市で行われた海上保安学校卒業式に石井浩郎国土交通副大臣が出席しました。

斉藤国土交通大臣は、海上保安大学校卒業生（本科54名）及び修了生（特修科102名）に向けた祝辞の中で「幹部海上保安官への道のりは、決して平坦な日々ばかりではなく、時には戸惑い、悩むこともあるでしょう。しかし、海上保安大学校での教育訓練や寮生活を通じて、積み重ねてきた努力、培ってきたリーダーシップや仲間との絆は、そうした困難を乗り越える大きな力となる。困難から逃げ出すことなく、自信をもって現場に臨んでいただきたい。」と、卒業生等を激励しました。

また、石井国土交通副大臣からは、「国民の期待に応え、国民に寄り添うことができる海上保安官として活躍されることを大いに期待します。」と、全国各地の現場第一線に赴任する海上保安学校卒業生（196名）への激励がありました。

謝辞を述べる卒業生

祝辞を述べる斉藤国土交通大臣

斉藤国土交通大臣行進展示視閲

石井国土交通副大臣分隊行進視閲

祝辞を述べる石井国土交通副大臣

特集 海上保安能力 のさらなる強化

全国各地の海上保安庁関係施設

船艇の配備

航空機の配備

我が国周辺海域を取り巻く情勢

- 尖閣諸島周辺海域の緊迫化
- 予断を許さない日本海大和堆周辺海域
- 外国海洋調査船等の活発化等
- 我が国周辺海域における大規模・重大事案等の懸念

海上能力強化に関する方針の決定

海上保安能力強化

強化すべき6つの能力

海上保安能力強化に関する方針〈抄〉

全国各地の海上保安庁関係施設

　海上保安庁では、全国を11の管区に分け、それぞれに地方支分部局である管区海上保安本部を設置しています。また、管区海上保安本部には、海上保安部、海上保安署、航空基地等の事務所を配置し、巡視船艇や航空機等を配備しています。全国各地に配備したこれらの勢力により、いかなる事態が発生した際にも、迅速に現場に駆け付ける体制を常に整えています。

（令和5年4月1日現在）

勢　力	（令和5年4月1日現在）	
船艇	474隻	
石垣海上保安部 PLH35「あさづき」	内訳	巡視船艇：383隻（うち大型巡視船：71隻）特殊警備救難艇：67隻 測量船：15隻 灯台見回り船：6隻 実習船：3隻
航空機	92機	
北九州航空基地 MAJ577「わかたか」	内訳	飛行機：36機 ヘリコプター：55機 無操縦者航空機：1機
航路標識	5,134基	
神奈川県　観音埼灯台	内訳	灯台：3,112基 灯浮標：1,164基 その他の標識：858基

定　員	（令和5年度末時点）
	14,681人

◉	管区海上保安本部	11
◎	海上保安（監）部	71
⊚	海上保安航空基地	2
▣	海上保安署	61
■	航空基地	12
▥	海上交通センター	7
◆	特殊救難基地	1
◈	機動防除基地	1
◇	水路観測所	1

第一管区　稚内　紋別　網走　羅臼　根室　釧路　留萌　小樽　千歳　苫小牧　広尾　浦河　室蘭　瀬棚　江差　函館　青森　八戸　宮古　秋田　釜石　気仙沼　酒田　宮城　石巻　佐渡　新潟　仙台　福島

第二管区

第九管区　能登　七尾　金沢　伏木　上越　福井

第八管区　小豆島　隠岐　鳥取　美保　境　香住　舞鶴　加古川　小浜　敦賀　神戸　浜田　広島　水島　福山　尾道　姫路　宮津　西宮　大阪　名古屋港　名古屋　羽田　東京　川崎　横浜　湘南　横須賀　茨城　鹿島　銚子　千葉　勝浦　木更津

第七管区　宇部　関門海峡　下関　仙崎　萩　徳山　岩国　今治　新居浜　高知　高松　備讃瀬戸　来島海峡　土佐清水　比田勝　対馬　壱岐　福岡　若松　門司　北九州　羽合　三池　伊万里　大分　佐伯　宿毛　柳井　松山　宇和島　坂出　徳島　和歌山　海南　田辺　清水　衣浦　三河　中部空港　伊勢　四日市　関西空港　岸和田　御前崎　下田

第三管区

東京湾拡大図　東京　羽田　千葉　川崎　横浜　東京湾　木更津　横須賀　湘南

第四管区

第五管区

第六管区（瀬戸内海等）

大阪湾拡大図　加古川　西宮　神戸　大阪　堺　岸和田　関西空港

第十管区　唐津　平戸　五島　長崎　佐世保　熊本　天草　八代　日向　串木野　喜入　指宿　鹿児島　宮崎　志布志　種子島　古仁屋　奄美

第十一管区　名護　那覇　中城　石垣　宮古島

小笠原諸島　小笠原

船艇の配備 （令和5年4月1日現在）

　海上保安庁では、全国各地にあらゆる船艇・航空機を配備し、日本の海を守っています。巡視船艇は、全国の海上保安部署等に配備され、海洋秩序の維持、海難救助、海上災害の防止、海洋汚染の監視取締り、海上交通の安全確保に従事しています。測量船は、海底地形の測量、海流や潮流の観測、海洋汚染の調査等を行っています。灯台見回り船は、灯台、灯浮標、電波標識等の航路標識の維持管理等を行っています。

◆ 大型巡視船の配備状況 （令和5年4月1日現在）

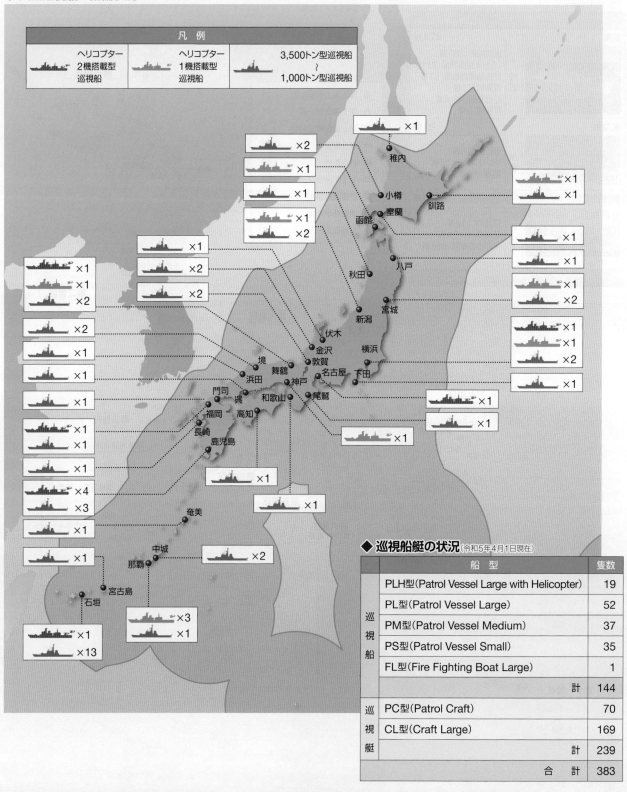

◆ 巡視船艇の状況 （令和5年4月1日現在）

	船 型	隻数
巡視船	PLH型（Patrol Vessel Large with Helicopter）	19
	PL型（Patrol Vessel Large）	52
	PM型（Patrol Vessel Medium）	37
	PS型（Patrol Vessel Small）	35
	FL型（Fire Fighting Boat Large）	1
	計	144
巡視艇	PC型（Patrol Craft）	70
	CL型（Craft Large）	169
	計	239
	合 計	383

》巡視船・巡視艇等

PLH型（ヘリコプター搭載型）巡視船「あさづき」

PLH型（ヘリコプター搭載型）巡視船「しゅんこう」

PL型（3,500トン型）巡視船「みやこ」

PL型（2,000トン型）巡視船「ひだ」

PL型（1,000トン型）巡視船「わかさ」

PM型（500トン型）巡視船「ちとせ」

PM型（350トン型）巡視船「おおみ」

PS型（180トン型）巡視船「さろま」

PC型（35メートル型）巡視艇「あおたき」

PC型（30メートル型）巡視艇「たかつき」

PC型（23メートル型）巡視艇「しまぎり」

CL型（20メートル型）巡視艇「ささかぜ」

CL型（18メートル型）巡視艇「はやかぜ」

放射能調査艇「さいかい」

FL型（消防船）巡視船「ひりゅう」

HL型（大型測量船）「光洋」

LS型（灯台見回り船）「あきひかり」

◆ 海上保安庁の主な巡視船艇の大きさ（比較イメージ）

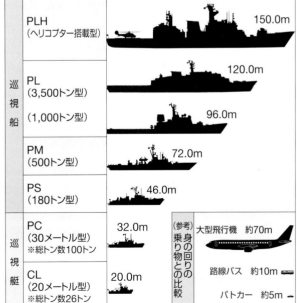

		大きさ
巡視船	PLH（ヘリコプター搭載型）	150.0m
	PL（3,500トン型）	120.0m
	（1,000トン型）	96.0m
	PM（500トン型）	72.0m
	PS（180トン型）	46.0m
巡視艇	PC（30メートル型）※総トン数100トン	32.0m
	CL（20メートル型）※総トン数26トン	20.0m

（参考）身の回りの乗り物との比較

大型飛行機　約70m

路線バス　約10m

パトカー　約5m

航空機の配備 （令和5年4月1日現在）

航空機は、全国の海上保安航空基地・航空基地等に配備され、その優れた機動力と監視能力によって、海洋秩序の維持、海難救助、海上災害の防止、海洋汚染の監視 取締り、海上交通の安全確保等に従事するほか、火山監視や沿岸域の測量等に活躍しています。

◆ 航空機の配備状況 (令和5年4月1日現在)

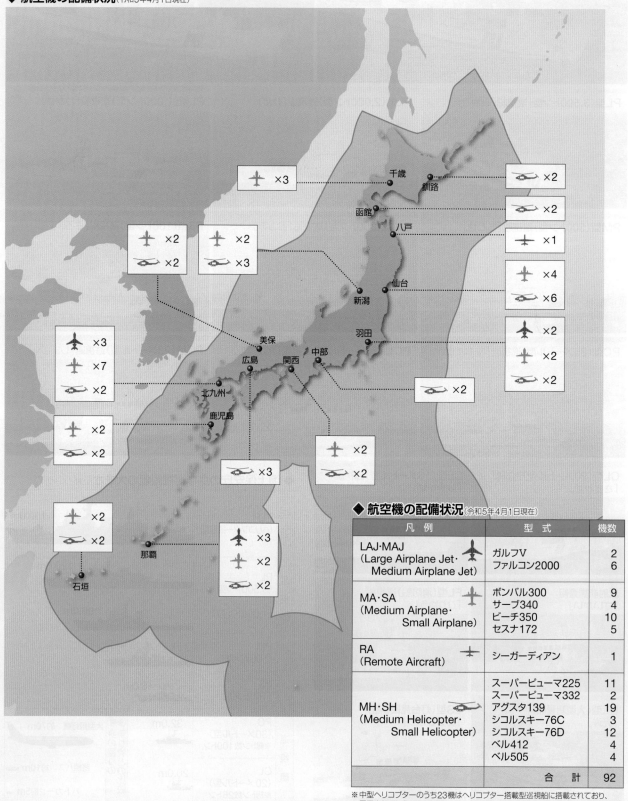

◆ 航空機の配備状況 (令和5年4月1日現在)

凡　　例	型　　式	機数
LAJ·MAJ （Large Airplane Jet· Medium Airplane Jet）	ガルフV ファルコン2000	2 6
MA·SA （Medium Airplane· Small Airplane）	ボンバル300 サーブ340 ビーチ350 セスナ172	9 4 10 5
RA （Remote Aircraft）	シーガーディアン	1
MH·SH （Medium Helicopter· Small Helicopter）	スーパーピューマ225 スーパーピューマ332 アグスタ139 シコルスキー76C シコルスキー76D ベル412 ベル505	11 2 19 3 12 4 4
	合　　計	92

※ 中型ヘリコプターのうち23機はヘリコプター搭載型巡視船に搭載されており、図示されていない。

❯ 航空機

ガルフV「うみわし」

ファルコン2000「わかたか」

ボンバル300「しまたか」

サーブ340「はやぶさ」

ビーチ350「うみかもめ」

セスナ172「あまつばめ」

シーガーディアン

スーパーピューマ225「いぬわし」

スーパーピューマ332「うみたか」

アグスタ139「おきたか」

シコルスキー76C「しまふくろう」

シコルスキー76D「しまわし」

ベル412「いせたか」

ベル505「おおるり」

我が国周辺海域を取り巻く情勢

我が国周辺海域の重大事案

我が国周辺海域において、海上保安庁が直面する重大な事態は年々多様化しており、全国各地であらゆる事案が発生しています。海上保安庁では、全国に配備した巡視船艇、航空機等の勢力により、国民の皆様の安全・安心をこれからも守り抜くという断固たる決意を胸に、24時間365日、今この瞬間も日本の海を守っています。

◆ 我が国周辺海域における重大な事案

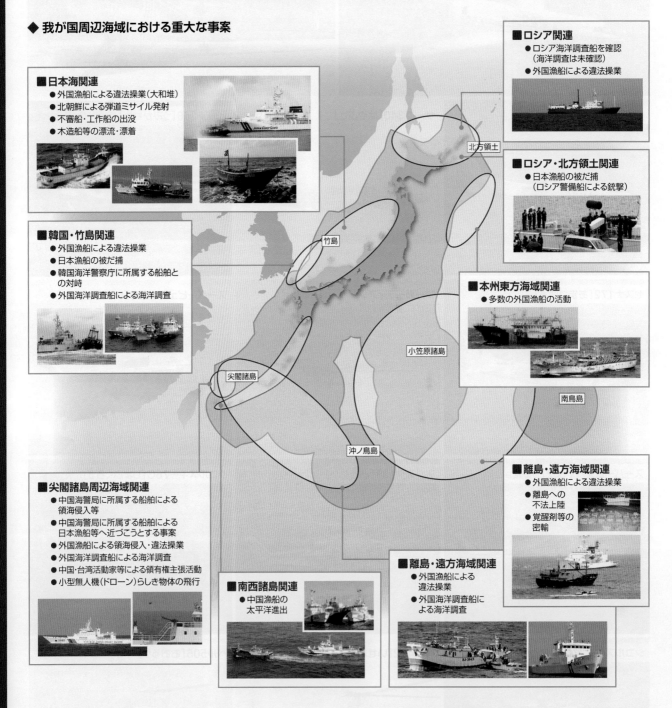

■ 日本海関連
- 外国漁船による違法操業（大和堆）
- 北朝鮮による弾道ミサイル発射
- 不審船・工作船の出没
- 木造船等の漂流・漂着

■ 韓国・竹島関連
- 外国漁船による違法操業
- 日本漁船の被だ捕
- 韓国海洋警察庁に所属する船舶との対峙
- 外国海洋調査船による海洋調査

■ ロシア関連
- ロシア海洋調査船を確認（海洋調査は未確認）
- 外国漁船による違法操業

■ ロシア・北方領土関連
- 日本漁船の被だ捕（ロシア警備船による銃撃）

■ 本州東方海域関連
- 多数の外国漁船の活動

■ 尖閣諸島周辺海域関連
- 中国海警局に所属する船舶による領海侵入等
- 中国海警局に所属する船舶による日本漁船等へ近づこうとする事案
- 外国漁船による領海侵入・違法操業
- 外国海洋調査船による海洋調査
- 中国・台湾活動家等による領有権主張活動
- 小型無人機（ドローン）らしき物体の飛行

■ 南西諸島関連
- 中国漁船の太平洋進出

■ 離島・遠方海域関連
- 外国漁船による違法操業
- 外国海洋調査船による海洋調査

■ 離島・遠方海域関連
- 外国漁船による違法操業
- 離島への不法上陸
- 覚醒剤等の密輸

北方領土　竹島　小笠原諸島　尖閣諸島　南鳥島　沖ノ鳥島

尖閣諸島周辺海域では、中国海警局に所属する船舶がほぼ毎日確認され、**領海**侵入も繰り返されており、中国海警局に所属する船舶の大型化、武装化、増強も進んでいます。日本海に目を移すと、大和堆周辺海域では、外国漁船による違法操業が確認され、沿岸部では北朝鮮からのものと思料される漂流・漂着木造船等も確認されています。加えて、覚醒剤等の密輸事犯や我が国の同意を得ない外国海洋調査船による調査活動など、我が国周辺海域を取り巻く情勢は依然として大変厳しい状況にあります。

我が国周辺海域を取り巻く情勢
尖閣諸島周辺海域の緊迫化

尖閣諸島の概要

尖閣諸島（沖縄県石垣市）は、南西諸島西端に位置する魚釣島、北小島、南小島、久場島、大正島、沖ノ北岩、沖ノ南岩、飛瀬等から成る島々の総称です。

尖閣諸島及び周辺海域の安定的な維持・管理を図るため、海上保安庁にて、平成24年9月11日、尖閣諸島の魚釣島、北小島、南小島の三島を取得し、保有しています。

◆ 尖閣諸島位置関係図

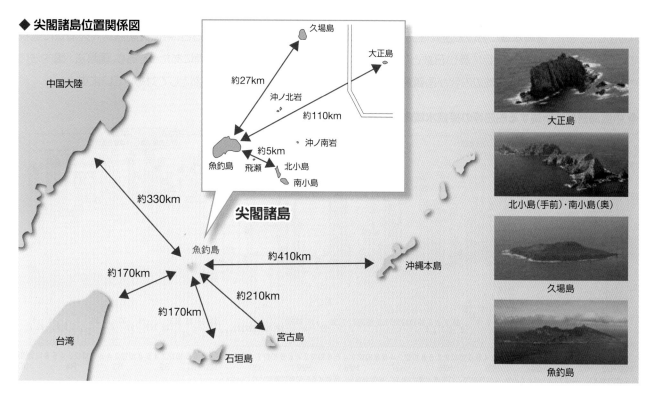

◆ 尖閣諸島周辺の領海の面積

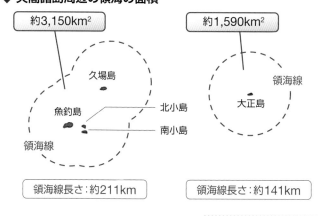

約3,150km²

約1,590km²

領海線長さ：約211km

領海線長さ：約141km

◆ 尖閣諸島周辺海域の広さ

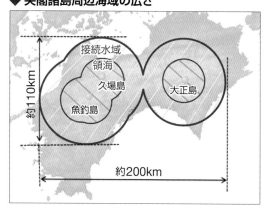

約110km
約200km

| 尖閣諸島周辺 約4,740km² | ≒ | 東京都面積 約2,190km² | ＋ | 神奈川県面積 約2,415km² | 合 計 約4,605km² |

尖閣諸島周辺の**領海**の面積は約4,740km²で東京都と神奈川県の面積を足した面積（約4,605km²）とほぼ同じ広さです。また、尖閣諸島周辺の**領海・接続水域**は、

四国と重ね合わせるとその広大さが見て取れます。海上保安庁では、この広大な海域で、昼夜を分かたず、巡視船艇・航空機により**領海**警備を実施しています。

尖閣諸島周辺海域の緊迫化

尖閣諸島周辺海域の「今」

中国海警局に所属する船舶等への対応

尖閣諸島周辺の**接続水域**においては、ほぼ毎日、中国海警局に所属する船舶による活動が確認されており、令和4年における1年間の確認日数は336日で、過去最多となりました。また、**接続水域**における連続確認日数にあっては138日であり、過去2番目に長い日数となりました。さらに、令和4年は尖閣諸島周辺の我が国**領海**において、

中国海警局に所属する船舶による日本漁船等へ近づこうとする事案も繰り返し発生しており、これに伴う**領海**侵入時間は72時間45分と過去最長となりました。海上保安庁では、24時間365日、常に尖閣諸島周辺海域に巡視船を配備して**領海**警備にあたっており、国際法・国内法に則り、冷静に、かつ、毅然として対応しています。

◆ 中国海警局に所属する船舶等の接続水域内確認日数、領海侵入件数

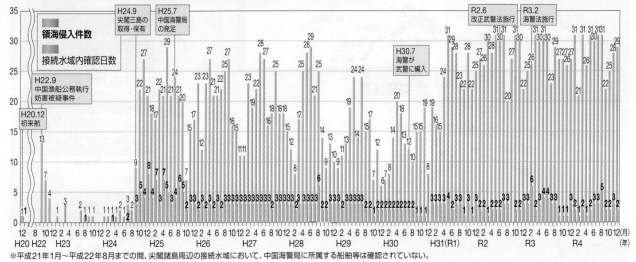

※平成21年1月〜平成22年8月までの間、尖閣諸島周辺の接続水域において、中国海警局に所属する船舶等は確認されていない。

◆ 中国海警局に所属する船舶等の年間の接続水域内確認日数

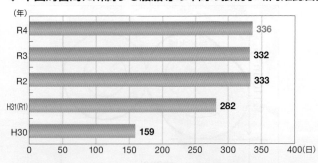

中国海警局に所属する船舶を監視する巡視船

◆ 中国海警局に所属する船舶等の勢力増強と大型化・武装化

■勢力増強

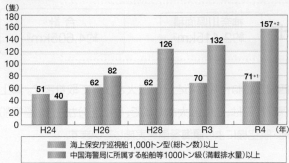

海上保安庁巡視船1,000トン型(総トン数)以上
中国海警局に所属する船舶等1000トン級(満載排水量)以上

*1 令和4年度末の隻数
*2 令和4年12月末現在の隻数　公開情報を基に推定(今後、変動の可能性あり)

■大型化・武装化

中国海警局に所属する大型の船舶

機関砲を搭載した中国海警局に所属する船舶

〉日本漁船等に近づこうとする中国海警局に所属する船舶への対応

令和2年以降、尖閣諸島周辺の我が国**領海**において、中国海警局に所属する船舶が、操業等を行う日本漁船に近づこうとする事案が多数発生しており、令和4年は11件となっております。さらに令和4年1月には、中国海警局に所属する船舶が、同海域を航行等していた漁船以外の日本船舶に近づこうとする事案が1件発生しております。海上保安庁では、中国海警局に所属する船舶に対し、**領海**からの退去要求を実施するとともに、日本漁船等の周囲に巡視船を配備し安全を確保しています。いずれの事案でも、日本漁船等の乗組員に怪我はなく、船体等にも損傷は発生していません。

◆ 中国海警局に所属する船舶による領海侵入の状況

令和4年12月下旬の事案

接続水域線
領海線
久場島
北小島
魚釣島
南小島
②領海侵入位置
大正島
③領海退去位置
①領海侵入位置
④領海退去位置

本事案において、領海侵入時間が**72時間45分**となり、過去最長を更新

尖閣諸島周辺海域の領海警備に従事する巡視船「りゅうきゅう」

》外国漁船への対応

尖閣諸島周辺海域では、外国漁船による活動も続いています。令和4年の**領海**からの退去警告隻数は、中国漁船については58隻、台湾漁船については32隻となりました。

◆ 外国漁船の退去警告隻数

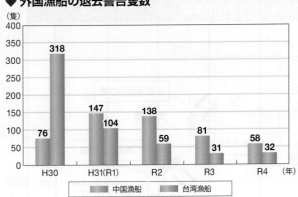

（隻）
- 中国漁船
- 台湾漁船

	H30	H31(R1)	R2	R3	R4
中国漁船	76	147	138	81	58
台湾漁船	318	104	59	31	32

外国漁船に退去警告を行う巡視船

◆ 尖閣諸島周辺海域をめぐる主な情勢

明治28年	尖閣諸島を沖縄県に編入することを閣議決定
昭和44年	国連アジア極東経済委員会が尖閣諸島周辺海域に石油資源が埋蔵されている可能性を指摘
昭和46年	中国及び台湾が「領有権」について独自の主張を開始
昭和52年	我が国で「領海法*」が施行　　　　　　　　　　　　　　　　　*現在の「領海及び接続水域に関する法律」
昭和53年　4月	12日〜18日、延べ357隻の中国漁船が尖閣諸島領海に侵入
平成　8年　7月	我が国について国連海洋法条約が発効（排他的経済水域（EEZ）の設定）
平成　8年　9月	中国海洋調査船が尖閣諸島領海に侵入
平成　8年10月	香港、台湾の活動家等が乗船した船舶49隻が尖閣諸島に接近うち41隻が領海侵入　活動家4名が魚釣島に上陸
平成16年　3月	中国の活動家等が乗船した船舶1隻が尖閣諸島領海に侵入　活動家7名が魚釣島に上陸
平成20年12月	中国海監船2隻が尖閣諸島領海に侵入
平成22年　9月	尖閣諸島領海内で中国漁船による公務執行妨害等被疑事件が発生
— 以後、中国海監船、中国漁政船が従来以上の頻度で尖閣諸島周辺海域に接近する事案が発生 —	
平成23年　8月	中国漁政船2隻が尖閣諸島領海に侵入
平成24年　3月	中国海監船1隻が尖閣諸島領海に侵入
平成24年　7月	中国漁政船4隻が尖閣諸島領海に侵入
平成24年　8月	香港の活動家等が乗船した船舶1隻が尖閣諸島領海に侵入　活動家7名が魚釣島に上陸
平成24年　9月	海上保安庁による尖閣三島（魚釣島、北小島、南小島）の取得・保有
— 以後、中国海監船、中国漁政船が尖閣諸島周辺海域に接近する事案が頻繁に発生、領海に侵入する事案も増加 —	
平成25年　7月	中国海上法執行機関の再編統合　中国海警船4隻が尖閣諸島領海に侵入
平成27年12月	外観上、明らかに機関砲を搭載した中国海警船1隻が尖閣諸島領海に侵入
— 以後、外観上明らかに機関砲を搭載した中国海警船が尖閣諸島周辺海域に接近する事案が頻繁に発生、領海に侵入する事案も増加 —	
平成28年　8月	中国漁船に引き続く形で中国海警船等が繰り返し尖閣諸島領海に侵入
平成29年　5月	尖閣諸島領海に侵入中の中国海警船の上空において、小型無人機らしき物体1機が飛行
平成30年　7月	中国海警局が人民武装警察部隊（武警）に編入
令和3年　2月	中国海警法施行

我が国周辺海域を取り巻く情勢
予断を許さない日本海大和堆周辺海域

日本海大和堆周辺海域の「今」

日本海中央部の「大和堆」は、周囲に比べ水深が浅く、イカやカニなどの日本海有数の好漁場となっています。近年、大和堆周辺の我が国**排他的経済水域（EEZ）**では、外国漁船による違法操業が確認されておりますが、大和堆周辺で操業する日本漁船の安全確保を最優先として、巡視船が違法操業外国漁船に対応しています。

大和堆周辺海域の取組状況

北朝鮮漁船に放水をする巡視船

水産庁との合同訓練の状況

◆ 大和堆位置図

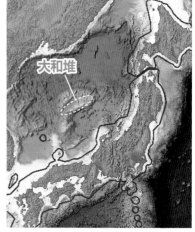
大和堆

背景図：海上保安庁、©Esri Japan

北朝鮮漁船に退去警告を行う巡視船

中国漁船に退去警告を行う巡視船

夜間に巡視船から放水を受ける北朝鮮漁船

北朝鮮漁船に放水する巡視船

日本漁船付近を警戒中の巡視船

令和4年にあっても、違法操業外国漁船が大和堆周辺海域に近づくことを未然に防止し、日本漁船の安全を確保するため、我が国イカ釣り漁業の漁期前の5月下旬から大型巡視船を含む複数の巡視船を大和堆周辺海域に配備するとともに、航空機によるしょう戒を実施しました。

なお、令和4年にあっては、同海域において3隻の中国漁船に対して退去警告を行いました。

また、5月27日には、水産庁とのより緊密な連携を図ることを目的に、巡視船等と漁業取締船が合同で、違法操業外国漁船への対応を想定した退去警告、放水措置訓練等を実施しました。

今後とも、水産庁をはじめとする関係省庁と緊密に連携の上、日本漁船の安全確保を最優先に対応していきます。

外国海洋調査船等の活発化等

◢ 外国海洋調査船対応の「今」

　我が国の**排他的経済水域**等において、外国船舶が調査活動等を行う場合は、**国連海洋法条約**に基づき、我が国の同意を得る必要があります。

　しかし、近年、我が国周辺海域では、外国海洋調査船による我が国の同意を得ない調査活動や同意内容と異なる調査活動（特異行動）が多数確認されています。

　海上保安庁では、巡視船・航空機による監視警戒等を行い、特異行動を認めた外国船舶に対しては、

活動状況や行動目的の確認を行うとともに、中止要求を実施するなど、関係省庁と連携して、適切に対応しています。

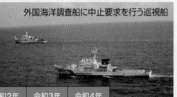

外国海洋調査船に中止要求を行う巡視船

◆ 特異行動確認件数

	平成30年	平成31年 令和元年	令和2年	令和3年	令和4年
●中国	4	5	1	4	2
●台湾	1	0	0	0	1
●韓国	0	0	0	0	2
計	5	5	1	4	5

◆ 外国海洋調査船の特異行動状況 (2018年～2022年)

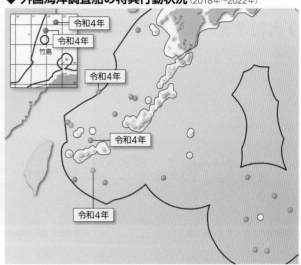

◢ 海洋調査の「今」

　沿岸国は、**国連海洋法条約**の関連規定に基づき、**領海基線**から200海里までの**排他的経済水域及び大陸棚**の権原を有していますが、向かい合う国の距離が400海里未満の水域においては、**排他的経済水域及び大陸棚**が重なる海域があるため、それぞれの国の合意によって境界を画定する必要があります。

　国連海洋法条約の関連規定及び国際判例に照らせば、このような海域において境界を画定するに当たっては、

中間線をもとに境界を画定することが衡平な解決であるとされていますが、中国・韓国は、自国の**大陸棚**が沖縄トラフまで自然延長している旨の独自の主張を行っています。

　海上保安庁では、他国による日本とは異なる主張に対し、我が国の海洋権益を確保するため、海洋調査の実施などにより、我が国周辺海域における基礎的な海洋情報を整備しています。

測量船による海流、海底地形、海底の地殻構造、底質の調査

航空機による海底地形の調査

自律型海洋観測装置（AOV）による潮位観測

自律型潜水調査機器（AUV）による海底地形の調査

測量船に搭載されたマルチビーム音響測深機や自律型潜水調査機器（AUV）等による海底地形調査、地殻構造調査や底質調査等を重点的に推進するとともに、自律型海洋観測装置（AOV）や航空機に搭載した航空レーザー測深機により、領海や排他的経済水域の外縁の根拠となる低潮線の調査を実施しています。

採泥器	ドレッジ	コアラー	グラブ採泥器
	硬い岩石試料等を採取する採泥器	パイプを刺し、底質等を採取する採泥器	表面の底質等を採取する採泥器
採取した試料			

底質調査は「ドレッジ」、「コアラー」や「グラブ採泥器」を海中に投下して、堆積物（海底を構成する物質）を採取する調査です。採取した試料を分析することで底質の特徴を知ることができます。

我が国周辺海域を取り巻く情勢
我が国周辺海域における大規模・重大事案等の懸念

海難対応の「今」

我が国の周辺海域において、衝突や転覆、乗揚げ、火災等、様々な海難が発生しています。

海上保安庁では、巡視船艇や航空機を出動させるほか、「**特殊救難隊**」、「**機動救難士**」、「**機動防除隊**」等、高度な専門技術を有するスペシャリストを派遣するなどして、人命の救助や火災の消火、流出した油の防除等、様々な活動を全力で行っています。

◆ 海上保安庁における人命救助への対応

衝突事故 乗組員捜索救助
(令和5年2月)
● 今治沖日本籍貨物船衝突・沈没事案
　➡ 乗組員4名救助(うち1名死亡)、1名行方不明

衝突事故 乗組員救助
(令和3年5月)
● 紋別沖日本漁船・運搬船衝突・転覆事案
　➡ 乗組員5名救助(うち3名死亡)

沈没事故 行方不明者捜索救助
(令和4年4月)
● 知床半島沖遊覧船沈没事案
　➡ 乗組員・乗客20名発見
　　(総員死亡)、6名行方不明

航空機不時着事故 乗組員救助
(令和4年4月)
● 福岡県三池沖航空機消息不明事案
　➡ 乗組員3名救助(うち2名死亡)

座礁事故 乗組員救助
(令和3年8月)
● 八戸港内貨物船座礁事案
　➡ 乗組員21名救助

遭難事故 行方不明者捜索救助
(令和5年1月)
● 男女群島西方沖外国籍貨物船遭難・沈没事案
　➡ 乗組員13名救助(うち2名死亡)、
　　9名行方不明

座礁事故 乗組員救助
(令和4年5月)
● 千葉県野島埼沖貨物船船体傾斜・座礁事案
　➡ 乗組員5名救助

座礁事故 乗組員吊上げ救助
(令和4年10月)
● 奄美大島沖作業船座礁事案
　➡ 乗組員8名救助

火災事故 乗組員捜索救助
(令和4年3月)
● 種子島南東沖日本漁船火災・沈没事案
　➡ 乗組員4名救助(うち1名死亡)、
　　4名行方不明

沈没事故 乗組員・乗客救助
(令和2年11月)
● 坂出市与島北方沖旅客船座礁・沈没事案
　➡ 乗組員・乗客62名救助

令和4年においては、4月の福岡県三池沖における航空機消息不明事案及び北海道知床半島沖における遊覧船沈没事案、5月の千葉県野島埼沖における貨物船座礁事案、10月の鹿児島県奄美大島沖における作業船座礁事案など、1,882隻の船舶事故が発生し、海上保安庁では、令和4年、計470隻、1,521人を救助しました。

我が国周辺海域における大規模・重大事案等の懸念

// 自然災害対応の「今」

　近年、集中豪雨や台風等による深刻な被害をもたらす自然災害が頻発しています。令和4年度も地震や台風、大雨等による自然災害が発生し、各地に被害がもたらされました。

　海上保安庁では、自然災害が発生した場合には、組織力・機動力を活かして、海・陸の隔てなく、巡視船艇や航空機、**特殊救難隊**、**機動救難士**、**機動防除隊**等を出動させ、被害状況調査を行うとともに、被災者の救出や行方不明者の捜索を実施しています。

　また、地域の被害状況やニーズに応じて、SNS等での情報発信を行いつつ、電気、通信等のライフライン確保のため協定に基づき電力会社等の人員及び資機材を搬送するとともに、自治体からの要請に基づく給水や入浴支援に加え、支援物資の輸送等の被災者支援を実施しています。

◆ 海上保安庁における自然災害への対応

令和4年8月の大雨（令和4年8月 福井県等）
■対応状況
- 孤立情報に伴う安全確認
- 孤立者吊上げ救助
- 被害状況調査

令和4年3月の福島県沖を震源とする地震（令和3年3月 福島県）
■対応状況
- 被害状況調査
- 巡視船による給水支援（ドライブスルー方式）

令和2年7月豪雨（令和2年7月 熊本県等）
■対応状況
- 孤立者救助
- 支援物資の輸送
- 巡視船による給水支援

令和4年台風15号（令和4年9月 静岡県）
■対応状況
- 被害状況調査
- 巡視船による給水支援（ドライブスルー方式）

令和4年桜島噴火（令和4年7月 鹿児島県）
■対応状況
- 被害状況調査
- 住民避難準備

令和3年7・8月の前線に伴う大雨等（令和3年7月・8月 静岡県等）
■対応状況
- 行方不明者捜索
- 被害状況調査
- 支援物資の輸送
- 人員搬送（停電復旧）

令和4年台風14号（令和4年9月 香川県等）
■対応状況
- 急病人搬送
- 被害状況調査
- 人員搬送（停電復旧）

海上犯罪の「今」

　我が国周辺海域においては、違法薬物の密輸や外国人の不法上陸、密漁等、様々な犯罪行為が発生しています。

　薬物密輸入事犯については、海上保安庁において過去最大量となる大麻約300kgを関係機関と合同で押収するなど、一度に大量の薬物を密輸する事犯が相次いで発生しており、その手口は、海上コンテナ貨物への隠匿を中心として、大口化・巧妙化の傾向が続いています。

　密航事犯については、貨物船等からの不法上陸等小口化の傾向が続いてるほか、国際クルーズの再開により、訪日クルーズ船を利用した不正上陸の発生が懸念されます。

　また、海上で資格のない外国人を就労させる不法就労助長等の犯罪インフラ事犯も摘発しています。

　さらに、「しらすうなぎ」や「なまこ」の密漁事件、停泊中の内航船舶に対する広域連続窃盗事件、廃養殖用金網不法投棄事件などについて捜査しており、様々な海上犯罪取締りを実施しています。

◆ 海上保安庁における主な海上犯罪への対応

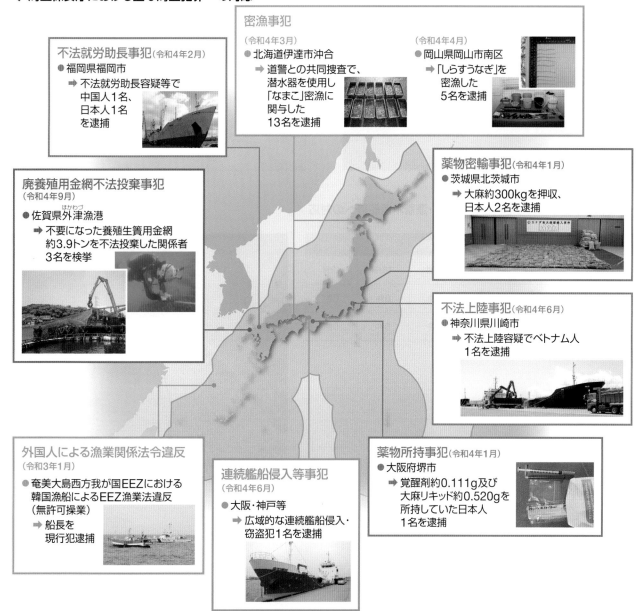

不法就労助長事犯（令和4年2月）
- 福岡県福岡市
  - ➡ 不法就労助長容疑等で中国人1名、日本人1名を逮捕

密漁事犯
（令和4年3月）
- 北海道伊達市沖合
  - ➡ 道警との共同捜査で、潜水器を使用し「なまこ」密漁に関与した13名を逮捕

（令和4年4月）
- 岡山県岡山市南区
  - ➡ 「しらすうなぎ」を密漁した5名を逮捕

薬物密輸事犯（令和4年1月）
- 茨城県北茨城市
  - ➡ 大麻約300kgを押収、日本人2名を逮捕

廃養殖用金網不法投棄事犯
（令和4年9月）
- 佐賀県外津漁港
  - ➡ 不要になった養殖生簀用金網約3.9トンを不法投棄した関係者3名を検挙

不法上陸事犯（令和4年6月）
- 神奈川県川崎市
  - ➡ 不法上陸容疑でベトナム人1名を逮捕

外国人による漁業関係法令違反
（令和3年1月）
- 奄美大島西方我が国EEZにおける韓国漁船によるEEZ漁業法違反（無許可操業）
  - ➡ 船長を現行犯逮捕

連続艦船侵入等事犯
（令和4年6月）
- 大阪・神戸等
  - ➡ 広域的な連続艦船侵入・窃盗犯1名を逮捕

薬物所持事犯（令和4年1月）
- 大阪府堺市
  - ➡ 覚醒剤約0.111g及び大麻リキッド約0.520gを所持していた日本人1名を逮捕

　海上保安庁では、悪質・巧妙な犯罪に対し、巡視船や航空機等によるしょう戒、海上保安官による旅客船やターミナルの見回り等により犯罪の未然防止を行うとともに、犯罪発生時には、法と証拠に基づき、犯人の検挙に努めています。

我が国周辺海域における大規模・重大事案等の懸念

// 漂流・漂着木造船等への対応の「今」

日本海沿岸では北朝鮮からのものと思料される木造船等の漂流・漂着が確認されており、その件数は平成30年をピークに減少し、令和4年は49件確認されました。

海上保安庁では、引き続き、巡視船艇・航空機による巡視警戒の強化を図るとともに地元自治体や関係機関との情報共有及び迅速な連絡体制の確保を徹底することとしています。

漂着木造船の状況

◆ 令和4年の漂流・漂着木造船等の状況

▲ 令和4年
● 令和3年

背景図：海上保安庁、©Esri Japan

◆ 北朝鮮からのものと思料される漂流・漂着木造船等への対応

（令和4年12月31日現在）

	平成30年	平成31年／令和元年	令和2年	令和3年	令和4年
漂流・漂着船等の確認件数	225件	158件	77件	18件	49件
遺体を確認した木造船の件数	6件（14遺体）	1件（5遺体）	0件	0件	0件
生存者を確認した木造船の件数	0件	2件（生存者6名）	0件	0件	0件

海上保安官による漂着木造船の調査状況

海上能力強化に関する方針の決定

海上保安体制強化に関する方針

　海上保安庁が直面する多岐にわたる課題に対応するため、平成28年12月21日、「海上保安体制強化に関する関係閣僚会議」が開催され、「海上保安体制強化に関する方針」が決定されました。海上保安庁では、当該方針に基づき、尖閣**領海**警備のための大型巡視船等の整備など、海洋秩序の維持強化のための取組を推進してまいりました。

新たな国家安全保障戦略の策定

　令和4年12月に策定された新たな国家安全保障戦略においては、「我が国の安全保障において、海上法執行機関である海上保安庁が担う役割は不可欠である」と明記され、「海上保安能力を大幅に強化し、体制を拡充する。」という政府としての大きな方向性が示されました。

海上保安能力強化に関する方針

　厳しさを増す我が国周辺海域の情勢を踏まえ、令和4年12月に、海上保安能力強化に関する関係閣僚会議が開催され、「海上保安能力強化に関する方針」が決定されました。これにより、巡視船・航空機等の大幅な増強整備などのハード面の取組に加え、新技術の積極的活用や、警察、防衛省・自衛隊、外国海上保安機関等の国内外の関係機関との連携・協力の強化、サイバー対策の強化などのソフト面の取組もあわせて推進することにより、海上保安業務の遂行に必要な6つの能力（海上保安能力）を一層強化していくこととなります。

令和4年12月の関係閣僚会議

海上保安能力強化

巡視船・航空機整備状況

「海上保安能力強化に関する方針」に基づき整備されている巡視船、測量船、航空機の建造から就役までの期間のイメージは、以下のとおりです。

建造の着手から就役までの期間
着 ●●● 就
決定している船名

◆ 巡視船、測量船

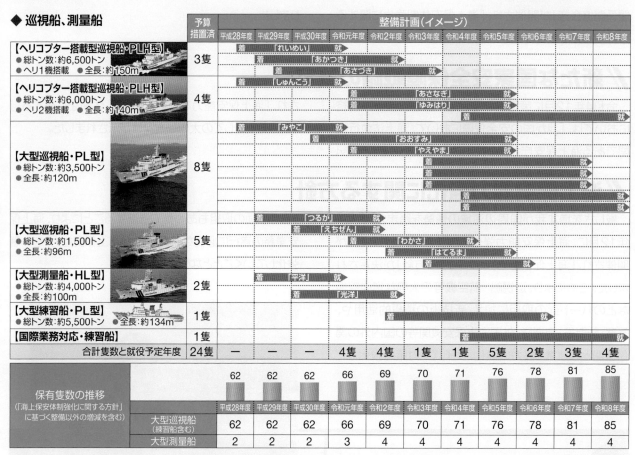

	予算措置済	整備計画（イメージ）										
		平成28年度	平成29年度	平成30年度	令和元年度	令和2年度	令和3年度	令和4年度	令和5年度	令和6年度	令和7年度	令和8年度
【ヘリコプター搭載型巡視船・PLH型】 ●総トン数：約6,500トン ●ヘリ1機搭載 ●全長：約150m	3隻	着「れいめい」就 着「あかつき」就 着「あさづき」就										
【ヘリコプター搭載型巡視船・PLH型】 ●総トン数：約6,000トン ●ヘリ2機搭載 ●全長：約140m	4隻	着「しゅんこう」就 着「あさなぎ」就 着「ゆみはり」就 着										
【大型巡視船・PL型】 ●総トン数：約3,500トン ●全長：約120m	8隻	着「みやこ」就 着「おおすみ」就 着「やえやま」就 着 着 着 着就 着就										
【大型巡視船・PL型】 ●総トン数：約1,500トン ●全長：約96m	5隻	着「つるが」就 着「えちぜん」就 着「わかさ」就 着「はてるま」就 着										
【大型測量船・HL型】 ●総トン数：約4,000トン ●全長：約100m	2隻	着「平洋」就 着「光洋」就										
【大型練習船・PL型】 ●総トン数：約5,500トン ●全長：約134m	1隻	着就										
【国際業務対応・練習船】	1隻	着就										
合計隻数と就役予定年度	24隻	—	—	—	4隻	4隻	1隻	1隻	5隻	2隻	3隻	4隻

保有隻数の推移
（「海上保安体制強化に関する方針」に基づく整備以外の増減を含む）

	平成28年度	平成29年度	平成30年度	令和元年度	令和2年度	令和3年度	令和4年度	令和5年度	令和6年度	令和7年度	令和8年度
（棒グラフ）	62	62	62	66	69	70	71	76	78	81	85
大型巡視船（練習船含む）	62	62	62	66	69	70	71	76	78	81	85
大型測量船	2	2	2	3	4	4	4	4	4	4	4

◆ 航空機（測量機含む）

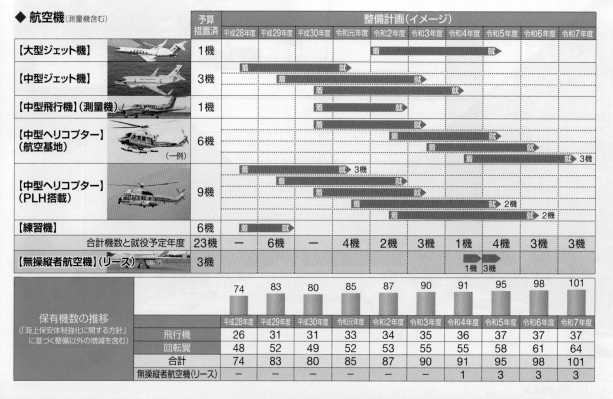

	予算措置済	整備計画（イメージ）									
		平成28年度	平成29年度	平成30年度	令和元年度	令和2年度	令和3年度	令和4年度	令和5年度	令和6年度	令和7年度
【大型ジェット機】	1機	着就									
【中型ジェット機】	3機	着就 着就 着就									
【中型飛行機】（測量機）	1機	着就									
【中型ヘリコプター】（航空基地）	6機	着就 着就 着就3機									
【中型ヘリコプター】（PLH搭載）	9機	着就3機 着就 着就2機 着就2機									
【練習機】	6機	着就									
合計機数と就役予定年度	23機	—	6機	—	4機	2機	3機	1機	4機	3機	3機
【無操縦者航空機】（リース）	3機							1機 3機			

保有機数の推移
（「海上保安体制強化に関する方針」に基づく整備以外の増減を含む）

	平成28年度	平成29年度	平成30年度	令和元年度	令和2年度	令和3年度	令和4年度	令和5年度	令和6年度	令和7年度
（棒グラフ）	74	83	80	85	87	90	91	95	98	101
飛行機	26	31	31	33	34	35	36	37	37	37
回転翼	48	52	49	52	53	55	55	58	61	64
合計	74	83	80	85	87	90	91	95	98	101
無操縦者航空機（リース）	—	—	—	—	—	—	1	3	3	3

強化すべき6つの能力

// 1.新たな脅威に備えた高次的な尖閣領海警備能力

中国海警船の大型化・武装化や増強への対応に加え、中国海警船や大型中国漁船の大量来航など、あらゆる事態への対処を念頭に、これらに対応するための巡視船等の整備を進める。

// 2.新技術等を活用した隙の無い広域海洋監視能力

無操縦者航空機と飛行機・ヘリコプターを効率的に活用した監視体制の構築や、次世代の衛星と人工知能（AI）等の新技術を活用した情報分析等による情報収集分析能力の強化を進める。

// 3.大規模・重大事案同時発生に対応できる強靱な事案対処能力

原発等へのテロの脅威、多数の外国漁船による違法操業、住民避難を含む大規模災害等への対応等の重大事案への対応体制を強化するため、巡視船の機能強化や調査・研究を進める。

// 4.戦略的な国内外の関係機関との連携・支援能力

警察、防衛省・自衛隊等の関係機関との情報共有・連携体制を一層強化する。また、「自由で開かれたインド太平洋」の実現に向けて、法とルールの支配に基づく海洋秩序維持の重要性を各国海上保安機関との間で共有するとともに、外国海上保安機関等との連携・協力や諸外国への海上保安能力向上支援を一層推進する。

// 5.海洋権益確保に資する優位性を持った海洋調査能力

他国による海洋境界等の主張に対し、我が国の立場を適切な形で主張するべく、測量船や測量機器等の整備や高機能化を進め、海洋調査や調査データの解析等を進める。

// 6.強固な業務基盤能力

海上保安能力強化を着実に強化していくため、教育訓練施設の拡充等を進めるとともに、サイバーセキュリティ上の新たな脅威にも対応した情報通信システムの強靱化を進める。また、巡視船艇・航空機等の整備に伴って必要となる基地整備や、巡視船艇・航空機等の活動に必要な運航費の確保、老朽化した巡視船艇・航空機等の計画的な代替整備を進めるとともに、巡視船の長寿命化を推進する。

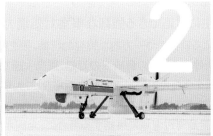

海上保安能力強化に関する方針〈抄〉

3 海上保安能力強化の基本的な考え方

海上保安庁は、その設立当初から法執行機関として、国内法及び国際法に則り、海上の安全や治安の確保を図っており、近年、力及び威圧による一方的な現状変更やその試みに対しては、法とルールの支配に基づく海洋秩序の維持を訴えるとともに、尖閣諸島周辺海域の**領海**警備に当たっては、事態をエスカレーションさせることなく業務を遂行し、武力紛争への発展を抑止しているなど、我が国の安全保障上、重要な役割を担っている。

そのため、今般、新たな国家安全保障戦略等を踏まえ、巡視船・航空機等の整備といったハード面での取組に加え、新技術の積極的な活用や、警察、防衛省・自衛隊、外国海上保安機関等の国内外の関係機関との連携・協力の強化といったソフト面の取組も推進することにより、海上保安能力、すなわち、厳しさを増す我が国周辺海域の情勢等に対応するための海上保安業務の遂行に必要な能力を強化するものとする。

4 強化すべき6つの能力

海上保安能力に関して、強化を行う必要のある主たる能力は、以下の6つの能力とする。

（1）新たな脅威に備えた高次的な尖閣領海警備能力

尖閣諸島周辺海域における中国海警船や外国漁船の**領海**侵入事案に対応するため、尖閣**領海**警備専従体制及び外国漁船対応体制の整備のほか、中国海警船の大型化・武装化や増強に対応するための巡視船等の整備を進めてきたところ、これに加え、中国海警船や大型中国漁船の大量来航など、あらゆる事態への対処も念頭に、これに対応できる巡視船等の整備も進め、更なる体制強化を図る。

また、警察、防衛省・自衛隊をはじめとする関係機関との連携・協力を一層強化するとともに、情報収集分析能力の強化やサイバーセキュリティ上の脅威に対応するための情報通信システムの強靱化にも取り組むことにより、効果的かつ効率的で持続性の高い尖閣**領海**警備能力を構築するものとする。

（2）新技術等を活用した隙の無い広域海洋監視能力

広大な海域において外国公船、外国漁船、外国海洋調査船等やテロ等の脅威に対する監視体制を重点的に強化するため、無操縦者航空機をはじめとした新技術を活用するものとし、無操縦者航空機と飛行機・ヘリコプターとの効率的な業務分担も考慮した監視体制を構築するとともに、監視拠点の整備を進める。また、次世代の衛星と人工知能（AI）を総合的に活用した情報分析等による情報収集分析能力の強化のほか、監視情報の集約・分析等に必要な情報通信体制の構築、警察、防衛省・自衛隊をはじめとする関係機関との連携・協力の一層強化を図ることにより、隙の無い広域海洋監視能力を構築するものとする。

（3）大規模・重大事案同時発生に対応できる強靱な事案対処能力

現下の厳しいテロ情勢や北朝鮮による執拗かつ一方的な挑発的行動、後を絶たない外国漁船による違法操業、自然災害の頻発等を踏まえ、原子力発電所等へのテロの脅威への対処、離島・遠方海域における**領海**警備、多数の外国漁船による違法操業への対応、住民避難を含む大規模災害等への対応など、大規模・重大事案への対応が求められる場合であっても適切に対処するために必要な巡視船等の整備を進める。

また、中国海警船等が大量に尖閣諸島周辺海域に集結する場合に、全国から巡視船等の緊急応援派遣を行ったときでも、各管区で必要な業務を支障なく遂行し、かつ、他の大規模・重大事案が同時に発生した場合であっても対応できる体制を確保する。

さらに、想定される事態と必要な措置等を見据え、新技術の活用も念頭に置いた対応体制の整備を進めるとともに、警察、防衛省・自衛隊等の関係機関との連携・協力の一層強化を図ることにより、強靱な事案対処能力を構築するものとする。

(4) 戦略的な国内外の関係機関との連携・支援能力

いかなる事態に対しても切れ目のない十分な対応を確保するため、警察、防衛省・自衛隊等の関係機関との情報共有・連携体制を一層強化する。特に、海上保安庁と防衛省・自衛隊は、それぞれの役割分担の下、あらゆる事態に適切に対応するため、情報共有・連携の深化や、武力攻撃事態時における防衛大臣による海上保安庁の統制要領の策定や共同訓練の実施も含めた、各種の対応要領や訓練の充実を図るものとする。

また、「自由で開かれたインド太平洋」の実現に向けて、法とルールの支配に基づく海洋秩序維持の重要性を各国海上保安機関との間で共有するとともに、外国海上保安機関等との連携・協力や諸外国への海上保安能力向上支援を一層推進する。

さらに、厳しさを増す安全保障環境や海洋政策課題の複雑化・広域化に対応するための**海洋状況把握（MDA）**分野における諸外国等との連携・協力による情報ネットワークを強化するとともに、海上保安分野の学術的な研究・分析や提言の対外発信力の強化を図るものとする。

(5) 海洋権益確保に資する優位性を持った海洋調査能力

他国による我が国周辺海域での海洋権益の主張や海洋調査の実施及びその成果の発信に対し、我が国の海洋権益及び海洋情報の優位性を確保する。このため、測量船や測量機器等の整備や高機能化を進めるとともに、取得したデータの管理・分析及びその成果の対外発信能力の強化や、外交当局等の国内関係機関との連携・協力を図る。

これらにより、海洋権益確保に資する海洋調査等を計画的かつ効率的・効果的に実施できる能力を構築するものとする。

(6) 強固な業務基盤能力

上記の海上保安能力を着実に強化していくため、必要となる人材の確保・育成や定員の増員、教育訓練施設の拡充等を進めるとともに、サイバーセキュリティ上の新たな脅威にも対応した情報通信システムの強靱化を図るものとする。

また、巡視船・航空機等の整備に伴って必要となる基地整備や、巡視船艇・航空機の活動に必要な運航費の確保、老朽化した巡視船艇・航空機の計画的な代替整備を進めるとともに、巡視船の長寿命化を図るものとする。

さらに、効率的かつ効果的な業務遂行や省人・省力化の観点からも、人工知能（AI）等の新技術の活用に向けた取組を推進していくものとする。

5 必要な勢力等の整備

海上保安能力の強化に必要となる巡視船・航空機等の勢力等については、必要性や緊急性の高いものから段階的に大幅な増強整備を進めるものとし、情勢の変化等に臨機に対応するため、定期的に必要な見直しを行うものとする。

6 留意事項

(1) 本方針の内容は、定期的に体系的な評価を行い、適時適切にこれを見直していくこととし、我が国周辺海域を取り巻く情勢等に重要な変化が見込まれる場合には、その時点における情勢を十分に勘案した上で検討を行い、必要な修正を行う。

(2) 本方針は、「国家安全保障戦略」や「総合的な防衛体制の強化」等の我が国の他の諸施策との連携・整合を図りつつ、本方針を踏まえて、海上保安能力確保のための体制や運用の強化のための所要の経費及び定員の確保を行う。（注）

(3) その際には、格段に厳しさを増す財政事情を勘案し、「経済財政運営と改革の基本方針2022」（「骨太の方針2022」（令和4年6月7日閣議決定））等の財政健全化に向けた枠組みの下、効率化・合理化の徹底に努める。

（注）令和9年度における海上保安庁の当初予算額を令和4年度の水準からおおむね0.1兆円程度増額

海上保安庁で働く「人」

船艇で活躍する！（大型巡視船の一例）

■ 船長
船舶運航の全般を統括し、指揮監督する最高責任者です。

■ 業務管理官
業務計画等を企画立案し、船長を補佐する業務監督責任者です。

操舵室

■ 航海科職員
（航海長、首席航海士、主任航海士、航海士、航海士補）

操船、見張り、航海計画の立案、船体の手入れ等を担当します。

通信室

■ 通信科職員
（通信長、首席通信士、主任通信士、通信士、通信士補）

一般船舶や他の巡視船艇との通信、通信機器の整備等を担当します。

陸上で活躍する！

■ 総務業務
政策の企画・立案、広報、職員の人事及び福利厚生等を行います。

■ 経理補給業務
予算の執行、施設や物品等の管理を行います。

■ 装備技術業務
船舶・航空機の建造・修理に関する業務のほか、各種装備に関する技術の検討等を行います。

■ 情報通信業務
情報通信システムの整備、管理や情報管理に関する業務を行います。

■ 警備救難業務
海上犯罪の捜査、海難救助及び**領海**警備等に関する業務や巡視船艇・航空機の運用調整を行います。

■ 海洋情報業務
海洋調査による海洋情報の収集、収集した情報の提供、**海図**の作製等、海洋情報に関する業務を行います。

■ 海上交通業務
海上交通ルールの設定や航路標識の管理、海難の調査等、海上交通の安全に関する業務を行います。

海上保安官には、巡視船艇等での海上における勤務だけでなく、本庁や管区本部等での陸上における勤務や海外における勤務等、さまざまな活躍の場があります。このように、さまざまな舞台で活躍する海上保安官には、幅広い知識や技能だけでなく、特殊な業務を行うための専門的な能力も求められます。

ここでは、海上保安官の活躍の場の一例とその海上保安官を養成するための教育機関である海上保安大学校や海上保安学校等を紹介することで、「海上保安官」の仕事の魅力についてお伝えします。

OIC区画

■ 運用司令科職員

（運用司令長、首席運用司令士、主任運用司令士、運用司令士、運用司令士補）

情報の収集・分析、対処方針の立案・調整を担当します。

調理室

■ 主計科職員

（主計長、首席主計士、主任主計士、主計士、主計士補）

庶務や経理、物品等の管理、調理、看護等を担当します。

機関室

■ 機関科職員

（機関長、首席機関士、主任機関士、機関士、機関士補）

エンジンの運転や整備、燃料油の管理等を担当します。

飛行甲板

航空機で活躍する！

ヘリコプター搭載型巡視船

■ 航空科職員

（航空長、首席飛行士、主任飛行士、飛行士、飛行士補、首席整備士、主任整備士、整備士、整備士補、首席航空通信士、主任航空通信士、航空通信士、航空通信士補）

航空基地

■ 整備科職員

（整備長、上席整備士、主任整備士、整備士、整備員）

航空機の機体整備や燃料油の管理等を担当します。フライトの際には航空機に搭乗し、機体の管理を行います。

■ 飛行科職員

（飛行長、上席飛行士、主任飛行士、飛行士、飛行員）

パイロットとして運航を担当します。また、機長として、その機体の運航・業務を統括します。

■ 通信科職員

（通信長、上席通信士、主任通信士、通信士、通信員、主任探索レーダー士、探索レーダー士、探索レーダー員）

通信機器の操作や整備を担当します。航空機、航空基地、巡視船等との相互通信を行います。

■本文中の**太字の語句**は、143ページからの「語句説明」に解説を掲載しています。

船艇の1日

船艇における勤務体系は日帰り〜2週間程度と船の大きさにより異なりますが、ここでは、一例を紹介します。

JAPAN COAST GUARD

船での仕事とは？

巡視船や巡視艇は海の警察、消防の役割を担います。陸上の仕事との違いは、船乗りの要素である、「船務」も担うことです。巡視船や巡視艇に乗り組む職員は、船を安全に運航しつつ、犯罪捜査や海難救助等の「業務」に当たります。例えば操船と犯罪捜査、船のエンジン整備と海難救助のようなイメージです。つまり、海上保安官は船乗りでもあり、警察官、消防士でもあるということになります。

巡視船艇乗組員の1日
広大な海域の安全・治安を確保する

巡視船艇勤務の特徴

巡視艇や小型の巡視船は、湾内や沿岸等、身近な海域を活動範囲とし、日帰りや数日間の洋上しょう戒（海域のパトロール）のほか、海上犯罪捜査や海難救助などの突発事案にその機動力を活かし迅速に対応します。

大型の巡視船は、より広い海域を担い、日帰り〜2週間程度、洋上で過ごすこともあります。**領海**警備や沖合海域のしょう戒を担いつつ、陸から遠く離れた船舶からのSOSに対しても、船の航続距離を活かし対応します。

24時間体制でしょう戒等を行うため、乗組員は交代で船務にあたります。基本的には0〜4時と12〜16時勤務、4〜8時と16〜20時勤務、8〜12時と20〜24時勤務の三交代制です。ここでは、三直当直の一例を紹介します。

※ 場合によっては超過勤務として働くことがあります。

00:00	入浴
	睡眠
04:00	
食事 休憩 08:00	
	業務
12:00	食事
	休憩
16:00	
	食事
	休憩 団らん
20:00	
	業務 しょう戒
24:00	

一直 / 二直 / 三直 / 一直 / 二直 / 三直 / 一直 / 二直 / 三直

12:00〜 昼食

船内の調理室で職員が作った料理を食べます。自慢の「船飯」おいしいですよ。

休憩

業務以外の時間は、自学やトレーニングのほか、家族等と連絡を取るなど自由な時間を過ごします。

08:00〜12:00 海難対応

しょう戒中、海上保安部から海難発生の連絡がありました。現場に急行し、乗組員を救助します。

海難の発生が無い場合も、さまざまな業務を行います。ここでは一例を紹介します。

犯罪捜査

取締りを行い、海上犯罪を認知した際は、被疑者の取調べや鑑識等の捜査を行います。

取締りを行う様子

救難訓練

海難の発生に備え、**曳航**（巡視船艇で海難船舶を引く）訓練、火災船を想定した消火訓練等を行います。

曳航訓練中の海上保安官

20:00〜24:00 しょう戒（海域のパトロール）

夜間も密漁等が行われていないかしょう戒を行います。

海上交通センターの1日

　運用管制官の勤務体系は、日勤当直と夜勤当直の交代制勤務です。各海域において、航行船舶等の特色はありますが、ここでは一例を紹介します。

運用管制官の仕事とは？

東京湾や伊勢湾、大阪湾、瀬戸内海の船が多く通航する海域に設置された**海上交通センター**において、運用管制官は、24時間365日、レーダー等を使い、船の動きを把握し、船の安全運航に必要な情報の提供や、交通の整理等の業務を行っています。

運用管制官の1日
船舶の往来が激しい海域の安全な航行を支援する

朝、夕刻　ラッシュアワーの対応

朝や夕刻は、荷物の積み降ろしのため、港に出入りする大型船の通航が増え、航路が特に混雑します。無線やレーダーなどを使いながら、航路内の状況等きめ細やかな情報提供や通航間隔の調整などを行います。

朝　漁船、遊漁船等への対応

漁船や魚釣りをしている遊漁船等が航路内に多数出ています。
航路しょう戒中の巡視艇と連携し、漁船や遊漁船等に対して、航路を航行する船との関係において安全が確保されるよう指導します。

昼　業務研修や訓練

航行管制業務のスキルアップのために、英会話研修等の業務研修やシミュレータ訓練を行います。

時間軸:
- 00:00
- 夜勤
- 食事　08:30
- 10:00
- 食事　12:00
- 日勤
- 16:00
- 17:15
- 食事
- 夜勤
- 24:00

朝　濃霧発生時の情報提供

濃霧が発生しました。船舶への影響を調査するとともに、航行船舶へ航路内の状況等きめ細やかな情報提供を行います。
また、状況に応じて航行を禁止とし、船舶に航路の外で待機するよう指示します。

通常時

濃霧発生時

昼　大型タンカーに対する航行管制

油を満載した長さ200メートルを超える大型タンカーが航路に入りました。ひとたびタンカー事故が発生すれば、人命や船舶被害が発生し、物流がストップするばかりか油の流出により、付近の海洋環境などに甚大な影響を与えます。航路しょう戒中の巡視艇と連携して、安全確保に努めます。

■本文中の**太字**の語句は、143ページからの「**語句説明**」に解説を掲載しています。

▶海上保安庁のスペシャリスト集団

警備系

特別警備隊
違法・過激な集団による海上デモや危険・悪質な事案、テロ警戒等に対応します。

特殊警備隊
銃器等を使用した凶悪犯罪、シージャック、有毒ガス使用事案等高度な知識及び技術を必要とする特殊警備事案に対応します。

運用司令センター運用官
118番の受付、事件・事故発生時における船舶・航空機への指示、関係機関との連絡調整等を行います。

探索レーダー士
航空機に搭乗し、レーダー等を駆使して遭難船舶の発見等の捜索・監視業務を行います。

携行武器指導官
携行武器の使用・知識・判断能力等の指導を行います。

無操縦者航空機運用官
無操縦者航空機の運用を指揮・監督し、取得した情報の処理を行います。

機動情報通信隊
災害現場等に出動し、本庁、管区海上保安本部へリアルタイムに現場映像を伝送します。

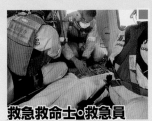

救急救命士・救急員
海難等により生じた傷病者を医療機関等へ搬送するまでの間、容態に応じた適切な救急救命措置又は応急処置を実施します。

救難系・防災系

機動防除隊
海上に排出された油、有害液体物質等の防除や海上火災の消火及び延焼等の海上災害の防止に専門的な知識をもって貢献します。

潜水士
転覆船、沈没船等からの要救助者の救出や行方不明者の潜水捜索等を行います。

機動救難士
海難発生時にヘリコプターで出動し、迅速に吊上げ救助を行う航空救難の専門家です。

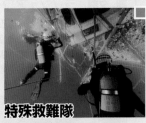

特殊救難隊
潜水士と機動救難士の技能に加え、火災・危険物（CBRN）対応等、高度な知識・技術を必要とする特殊海難に対応する能力を有した海難救助のスペシャリストです。

建築士
海上保安庁が管理する航路標識等の施設の設計業務等を行います。

航空機技術官
業者へ委託する整備に関し、実施内容の検討や整備工程の管理等を行い、海上保安業務を支えます。

船舶工務官
船舶の建造や維持に関する業務を担当し、海上保安業務を支えます。

南極地域観測隊員
南極地域観測隊の一員として、南極周辺海域の海底地形調査や潮汐観測等を行います。

整備系

武器技術官
船舶に搭載される武器等の製造や維持に関する業務を行い、海上保安業務を支えます。

航行援助管理官
灯台や灯浮標等の航路標識の機能を維持するため、定期的に点検を行っているほか、航路標識に事故が発生した場合には、迅速に復旧作業を実施しています。

海洋調査系

大洋調査官
海底地形や地殻構造等の調査を実施し、取得したデータの解析及び資料作成を行います。

海洋情報編集官
船舶の安全かつ効率的な航海に不可欠な海図や、海図を最新の状態に維持するための補正図等の編集を行います。

国際緊急援助隊
提供：JICA
海外で大規模な災害が発生した場合、被災国政府等の要請に応じ、救助や災害復旧等を行います。

派遣協力官
海上保安庁モバイルコーポレーションチーム（MCT）に所属し、外国海上保安機関に派遣され、能力向上支援を行います。

国際組織犯罪対策基地
密輸・密航等の国際的な組織犯罪を摘発するため、情報収集や分析、捜査活動を行います。

国際捜査官
外国語（ロシア語、中国語、韓国語等）を駆使して外国人犯罪の捜査等を行います。

国際系

JICA長期専門家
発展途上国の海上保安分野に関する能力向上支援を行います。

外交官
アジアや欧米等諸外国の在外公館において外交官等として活躍します。
※外交官として出向

ソマリア周辺海域派遣捜査隊
海賊対処のために海上自衛隊の護衛艦に同乗し、海賊の逮捕等に備えつつ、自衛官とともに海賊行為の監視活動等を行います。

制圧指導官
現場の海上保安官の制圧訓練の指導にあたる「制圧術の専門家」です。

捜査系

管制

海上交通センター運用管制官
海上交通の安全を図るため、船舶の安全運航に必要な情報の提供と航行管制を行います。

試験研究官
海上における犯罪捜査に関する試験・研究、鑑定・検査や船舶交通の安全の確保のために使用する機器の試験・研究を行っています。

犯罪情報技術解析官
犯罪捜査の支援のため、事件現場等に出動し、航海計器、携帯電話等に残された電磁的記録の解析を行います。

鑑識官
捜査の現場において、科学的知識・技能を駆使して、指紋や血液等の重要な証拠の採取・分析を行います。

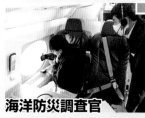

海洋防災調査官
地震・火山噴火等への防災に資するため、海底地殻変動観測や海域火山の監視観測を行います。

システム系

サイバーセキュリティ対策官
外部からのサイバー攻撃から海上保安業務を支える基幹システム等を守っています。

情報処理官
海上保安業務を支える基幹システム等の維持管理のため、運用状況を常時監視し、障害発生時には、復旧を行います。

教育

教育機関教官
海上保安大学校等の教育機関において、学生に対し高度かつ専門的な授業を行います。

音楽

海洋調査官
海図作成のため、海底地形調査や潮位観測等を実施し、取得したデータの解析及び資料作成を行います。

音楽隊
音楽を通じて、広報活動の効果を高めるとともに、当庁職員の士気の高揚を図ります。

出向機関：JAXA
国土交通省や都道府県警察等、他機関で活躍します。

他機関への出向

▶目指せ！海上保安官

海上保安大学校（広島県呉市）

海上保安大学校は、将来、海上保安庁の幹部となる職員として必要な高度な学術・技能を教授し、あわせて心身の練成を図ることを目的として設置された海上保安庁の教育機関です。

本科は、高校卒業程度の者が対象になる課程で、採用後は、海上保安大学校本科として4年、専攻科6ヶ月及び国際業務課程3ヶ月の計4年9ヶ月の教育を受けることになります。卒業時には日本で唯一の「学士（海上保安）」の学位が本科学生に授与されます。

令和2年度から募集が開始された初任科は、大学卒業程度の者が対象になる課程で、採用後は、初任科として1年間教育を受けたのちに、特修科に編入され、さらに1年間の教育を受けることになります。

学生は寮生活を行い、団体生活を通して生涯の友を得、相互錬磨とリーダーシップを体得していきます。卒業後は、それぞれ初級幹部職員として、日本全国の巡視船等に配属されます。その後、本庁や管区海上保安本部、巡視船等に勤務しつつ、幹部職員として経験を積んでいくことになります。

学生生活

海上保安大学校は全寮制で、各学年1人ずつの4人が1部屋に入り、規律ある団体生活を送ります。学生は、この団体生活を通じて、正義仁愛の精神、リーダーシップ・チームワークの体得や気力・体力の練成を図ります。

▶カリキュラム

本科（4年）				専攻科（6か月）国際業務課程（3か月）
1学年	2学年	3学年	4学年	
基礎教育科目（法学等）				
専門基礎科目（刑法、国際法等）	群別科目 第1群（航海）：航海学、船舶工学 等 第2群（機関）：機械力学、材料力学 等 第3群（通信）：通信システム、電子回路 等			
	専門教育科目			専門教育科目
	訓練科目			
	実習科目			
国内航海実習		国内航海実習		遠洋航海実習

初任科	特修科 ●初任科を修了した者
共通科目（法学概論等）	共通科目（行政法、国際法、海上警備論、政策分析演習、初級監督者論等）
専攻別科目 航海：航海学基礎、海洋気象学基礎 等 機関：機関力学基礎、材料力学基礎 等	専攻別科目 航海：航海学、船舶工学、気象学 等 機関：機械工学、機関学、電気工学 等
訓練科目（逮捕術、武器、総合指揮等）	訓練科目（逮捕術、武器、総合指揮等）
実習科目（小型船舶実習等）	実習科目（小型船舶実習等）
国内航海実習	国内航海実習

▶1日の日程

06:30	起床（起床整列・体操・清掃）
07:10	朝食
08:20	課業整列
08:45	授業
12:00	昼食
13:00	授業
	授業終了後クラブ活動
17:15	夕食・入浴
22:15	帰校門限
22:30	巡検・消灯

▶年間行事

4月 入学式

5月 端艇訓練

6月 遠洋航海先アメリカでの日米海上保安機関合同訓練

7月 海神祭（学生祭）

学生の声

本科1学年
相馬 若葉

私は、幼いころから海が好きで海に関わる仕事に就きたいと考えていました。中でも海上保安庁は、海の警察であり消防の役割も担っていることを知り興味を持ちました。また、当庁について調べていく中で、外国語を駆使し外国人犯罪の捜査を行う国際捜査官の存在を知り、海上保安大学校への入学を決めました。

大学校では、外国語のほか、理系、文系を問わず幅広い分野を学ぶことができることに加え、訓練、乗船実習、寮生活など一般大学では経験できないことが数多くあります。中でも1学年の乗船実習では、初めての船内生活で戸惑うことや厳しいと感じることがありました。しかし、日々の寮生活、訓練、授業で学んだことを活かし、同期と協力して乗り越えることができました。厳しい実習や訓練を共に乗り越えた同期は、心から信頼できる存在です。

世界で活躍する海上保安官を目指し、4年間の大学校生活や遠洋航海など、何事にも積極的に取り組んでいきます。

本科3学年I群
甘庶 克樹

私は、小学生の頃に映画「海猿」を見たことがきっかけで海上保安官に憧れを抱きました。

そして、私自身も**潜水士**になり人命救助に携わりたいと強く感じたため、海上保安大学校への入学を志望しました。

海上保安大学校では、規則正しい寮生活や授業、訓練を通じて海上保安官に必要な気力、体力、教養そして人格を身に付けています。初めての経験で戸惑うことも多々ありましたが、同期と協力し乗り越えてきました。また休日には食事に出かけ、長期休暇では旅行に行くなど、メリハリのある非常に充実した日々を過ごしています。

3学年では日本一周の乗船実習があります。各寄港地では、その地域特有の業務について説明を受けたり、**機動防除隊**、**特殊救難隊**など現場最前線で活躍されている方々から直接お話を伺うことができました。

大学校で学べる時間を大切にし、私の夢である**特殊救難隊**の一員になれるように日々励んでまいります。

初任科第2期
福岡 勇太

私は一般大学では農学部に進みましたが、船での仕事に興味を持ち、調べていくうちに、海上保安庁が幅広い業務に携わっているという点に魅力を感じたことから、初任科を志望し入学しました。

寮生活や訓練等、すべてが初めてのことであり、今までの経験が通用せず大変なこともあります。しかし、同期と力を合わせながら日々勉強を重ね、少しずつではありますが、進歩していると感じることができ、充実した日々を送っています。3か月の乗船実習では日本一周をしながら、**領海**警備や海難救助、海上交通等の様々な業務を見聞することができました。その中で、税関等と共同で入港した外国漁船に臨場し覚醒剤等の密輸事犯の取締りを行うことを知り、将来は同取締り業務に携わりたいと思うようになりました。

私たちはあと1年で現場に配属されます。それまでに少しでも多くのことを吸収できるよう、訓練や勉強に全力で取り組んでいきます。

▶ キャリアパスモデル

▶ 適性や希望に応じて、さまざまな研修を受けることで、外交官や他省庁への出向など、さまざまなキャリアアップを図っていくことができます。
※ 一例であり、個人の希望や適性等により異なります。

大学校修了後の進路

大型巡視船主任航海士 → 本庁の係員 → 大型巡視艇船長 → 本庁の係長 → 大型巡視船首席航海士 → 外務省出向（大使館等二等書記官）→ 管区海上保安本部の課長 → 本庁の課長補佐 → 大型巡視船航海長 → 海上保安部の部長 → 大型巡視船船長 → 管区海上保安本部の本部長 → 海上保安庁長官

特修科修了後の進路

大型巡視船主任砲術士 → 本庁の係員 → 大型巡視艇船長 → 管区海上保安本部の係長 → 大型巡視船首席航海士 → 管区海上保安本部の課長補佐 → 海上保安部の課長 → 本庁の課長補佐 → 大型巡視船航海長 → 海上保安部の部長 → 大型巡視船船長 → 管区海上保安本部の本部長

20代 — 30代 — 40代 — 50代

8月 潜水授業

12月 初任科乗船実習

1月 耐寒訓練

3月 卒業式

▶目指せ！海上保安官

海上保安学校（京都府舞鶴市）

海上保安学校は、京都府舞鶴市にあり、海上保安庁における専門の職員を養成する教育機関です。

学生は採用試験時に、5つの課程のうち、いずれかを選択します。教育期間は船舶運航システム課程、航空課程及び海洋科学課程は1年間、情報システム課程及び管制課程は2年間で、全学生を対象にした海上保安官として必要な知識などを学ぶ共通科目に加え、各課程・コースごとの専門科目などを学びます。

卒業後は、巡視船艇の乗組員等として、日本全国に配属されます。その後は、希望と適性に応じ、**潜水士**や国際捜査官といった各分野のエキスパートとして進むことも可能です。また、業務経験と選抜試験により、海上保安大学校での特修科を経て、幹部へ登用される道も開かれています。

学生生活

海上保安学校は全寮制で、同じ自習室・寝室で生活する「班」と、4〜5の班で「分隊」を編成しています。同じ部屋では先輩期学生と後輩期学生が、課程やコースに関わりなく一緒になって生活しており、これら学生生活を通じて、海上保安官に必要な正義仁愛の精神、規律、責任感、協調性、気力・体力の練成を図ります。

▶ カリキュラム

船舶運航システム課程（1年）				情報システム課程（2年）
航海	機関	主計	整備	
巡視船艇の運航や海上犯罪取締り等に必要な知識・技能を習得				通信機器の運用管理や航行安全、海上犯罪取締り等に必要な知識・技能を習得

航空課程（1年）	管制課程（2年）	海洋科学課程（1年）
航空機のパイロットになるための基礎教養や海上犯罪取締り等に必要な知識・技能を習得	船舶交通の管制に必要な知識・技能を習得	海洋の科学的資料の収集・解析等に必要な知識・技能を習得

▶ 1日の日程

06:30	起床（起床整列・体操・清掃）
07:25	朝食
08:20	課業整列
08:30	授業
12:05	昼食
12:50	授業
	授業終了後 クラブ活動
17:15	夕食・入浴
22:15	帰校門限
22:30	巡検・消灯

▶ 年間行事

4月 入学式

6月 基本動作競技会

7月 水泳訓練

7月 五森祭

学生の声

船舶運航システム課程
第61期 航海コース
楡井 龍之介

　小学5年生の頃に福島県で東日本大震災に見舞われました。その際に活動していたレスキューの方々の姿を見て、救助・救急に係る仕事に就きたいと考え、一般大学で救急救命を学びました。その後、海上保安庁であれば全国で発生する海難への対応のほか、被災地域への支援等、やりがいをもって力を発揮できると考え、消防や警察などの人命救助に係る様々な職の中から当庁を選択しました。海上保安学校では水泳などの体力錬成をはじめ、海上犯罪の取締りに係る法令や鑑識、外国船舶対応における業務英語などの勉強と共に、航海コースとして操船や船の構造、気象についてなど船舶運航に必要な専門知識を学び、現場で任務を遂行できるよう乗船実習や訓練を通じて、実践的な技能習得に励みます。心身共に厳しい局面もありますが、自身の成長に繋がる経験を得られ、また同じ目標を持つ仲間と共に切磋琢磨することで、挫けそうになっても支え合い、志高く勉学しトレーニングできる環境に恵まれていると感じています。

　卒業後は、航海士補として船艇の航海業務に携わり、さらに警備、救難、ほか多岐に渡る任務を果たし、海の安全を守ることに尽力していきたいです。

情報システム課程 第30期
大渕 麻衣

　私は中学生の頃から海と灯台が好きで、それらに係る仕事に携わりたいとの思いから、海上保安庁という組織を知り、海上保安学校の情報システム課程に入学しました。学校生活では、遠泳訓練や早朝訓練、乗船実習など気力・体力が求められますが、同期と助け合って乗り越えた先の達成感は、成長の糧となり、卒業後も色褪せることのない貴重なものだと感じています。2年間という限られた期間ですが最大限の学びを得られるよう、専門的な知識の習得に向けて、理解できるまで教材を読み込み、分からないことは教官方に質問するなど自発的に取り組みました。現場では、学んだことを実務に活かし、経験を積んでいきたいです。卒業後は巡視船勤務と陸上勤務をそれぞれ2年ずつ初めに経験し、多岐に渡る任務を遂行します。興味のある灯台分野はもちろん、海上保安庁における様々な業務を通じて日本の海が守られていることを念頭に、将来的には海上保安試験研究センターへの赴任を目指してキャリアアップしたいです。

海洋科学課程 第31期
滝野 隼己

　私は子供の頃から地球環境に興味があり、地震や火山、海など自然にかかわる仕事がしたいとの思いから、海上保安庁の海洋情報部を志望しました。海洋情報部は測量や調査を行い「海を知る」ことで、人命救助のみならず海洋環境を守り、美しい海を次世代に残そうと海洋情報の収集・発信に努めています。海上保安学校に入学して、初めての寮生活や厳しい訓練等、ハードなこともあるなか、教官や家族に支えられ、同期と互い励まし合いながら、人として成長の糧にできるよう日々取り組んでいます。学校生活での一番の思い出は測量船「光洋」での乗船実習です。現場で活躍する職員から測量船ならではの業務を教わる貴重な経験が得られ、さらに海上保安官としてビジョンが膨らみました。将来の夢は海洋情報部の一員として南極観測隊に参加することです。夢実現に向け、これからも知識、技術の習得に励み、精神力を鍛えていきたいです。

管制課程 第5期
山口 百香

　人の役に立ち、女性が活躍できる職に就きたいと進路を考えていた時、運用管制官という仕事を知りました。海上保安庁は海猿のイメージが強く、女性が働くには厳しい環境ではないかと思っていましたが、自分の声で海上交通の安全を守れることに加えて、当庁が女性の雇用促進のために福利厚生制度やライフワークバランスの拡充を図っていることがわかり、管制官を志すようになりました。海上保安学校で過ごす醍醐味はやはり寮生活です。船上という現場でチームが一丸となって任務を遂行するうえで必要な規律を順守する姿勢や協調性を養うべく、全寮制のもと実習・訓練に励みます。集団生活のなかで時に一人の時間が欲しいと思うこともありますが、同じ釜の飯を食し、共に学び、厳しい訓練も励まし合える仲間や、応援してくれる家族、そして厳しくも愛情を持って指導してくださる教官方に支えられ、最後まで諦めずにやり抜くことができ、非常に恵まれた環境で学んでいるんだと実感しています。将来は外国船舶にも対応できる国際的な運用管制官となれるように、語学力向上を目指し、惜しまず努力すると共に、海上保安官として求められる知識、技能の習得に励みたいです。

▶ キャリアパスモデル

●適性や希望に応じて、さまざまな研修を受けることで、外交官や他省庁への出向など、さまざまなキャリアアップを図っていくことができます。
※ 一例であり、個人の希望や適性等により異なります。

大型巡視船 航海士補 → 潜水研修 → 大型巡視船 航海士補・潜水士 → 特殊救難隊員 → 機動救難士 航空基地 → 中型巡視船 航海士・潜水士 → 大型巡視船 主任航海士 → 海上保安部の係長 → 大型巡視船 主任航海士

20代　　30代　　40代　　50代

9月 卒業式

10月 入学式

12月 早朝訓練

3月 卒業式

▶目指せ！海上保安官

海上保安学校門司分校（福岡県北九州市）

海上保安庁では、船舶、航空機や無線通信の有資格者を対象に門司分校での採用を行っています。

門司分校では、採用された者に対して、約6ヶ月間、海上保安官として必要な知識、技能及び体力を練成するための初任者研修を行っています。また、現場の職員に対して資質と能力の向上を図るための業務研修も行っています。

学生の声

海上保安学校 門司分校 研修科
船艇職員等初任者課程第88期
和田 彩見

私は、小学生の頃に種子島での山村留学を経験してから海に興味を持つようになり、水産系の大学に進学し、大学卒業後は受有する海技免状を活かして、自動車運搬船や旅客水中翼船の機関士として約4年半勤務していました。

国際航路や旅客運送を伴う船上勤務において、海上での事件、事故の怖さや平穏な航海の大切さを実感していたところ、海難対応訓練で海上保安官と接する機会があり、船員として改めて海上保安官の働きに心強さを覚え、私も海上保安官として大好きな海の安全、安心を守りたいと考えるようになり、海上保安庁への入庁を決意しました。この門司分校の研修生は職歴も年齢も様々ですが、規律ある寮生活の中、同期として助け合いながら充実した日々を送っています。

授業や訓練では慣れないことも多々ありますが、勉学や基礎体力の向上に集中できる恵まれた環境の中、経験豊富な教官方のご指導を頂き、現場で即戦力となれるよう海上保安官として必要な知識や技術の習得に日々精進していきたいです。

海上保安学校宮城分校（宮城県岩沼市）

海上保安学校宮城分校は、海上保安庁の航空要員を養成するための教育機関です。

海上保安学校航空課程卒業者は、ヘリコプターの操縦資格を取得するほか、北九州航空研修センター（北九州空港内）において飛行機操縦資格を取得しています。

また、現場で活躍している航空機職員（飛行士、整備士、航空通信士）に、それぞれの業務に必要な資格、特殊技能（吊上げ救助等）や航空機運航に関する安全対策知識を習得させています。

学生の声

海上保安学校宮城分校
回転翼基礎課程第56期
大市 辰哉

私は、小学生の頃からパイロットになることが夢でした。

専門学校生の頃、海上保安庁の航空基地を見学した際に当庁の業務や活躍を知り、魅力を感じたのが入庁の動機です。

現在は海上保安学校宮城分校で、当庁のヘリコプターパイロットになるべく研修に励んでいます。ヘリコプターを運航するためには学ばなければならない事が多くありますが、長年パイロットを養成してきた宮城分校の恵まれた環境の下、たくさんの人に支えられながら充実した日々を過ごす事が出来ています。

海上保安庁のパイロットの魅力は航空機の機動力を生かして、海難救助から警備業務まで現場の最前線で様々な業務に携わることができる事だと思います。この職に同じく魅力を感じた方は是非挑戦してみてください。

国家公務員総合職採用（技術系）

海上保安庁海洋情報部・交通部では、国家公務員総合職技術系職員を採用しています。総合職技術系職員は、政策の企画立案、技術開発・研究等の経験を積み、将来的には幹部職員として海上保安行政に携わります。

海洋情報部

採用当初は、海洋情報部内の技術系の部署に配属され、海洋調査や観測技術、海洋情報の収集・管理・提供等に関する実務や研究に携わります。その後は、海上保安庁内や他省庁において政策の企画・立案等の経験を積んだ後、将来的には海洋情報部の幹部として組織のマネジメントに携わります。他省庁への出向、国際機関や大使館での在外勤務といった幅広い活躍の場があります。

地球物理学に関する国際学会で研究発表する職員

最新の自律型海洋観測装置（AOV）を扱う職員

職員の声

海上保安庁の技術系総合職の魅力は、海を舞台に幅広い業務に対応できることにあります。

最初の業務は地球上の距離計算という技術的なものでしたが、徐々に担当する業務が国際分野に広がってきました。人事院制度による英国大学院留学を経て、平成30年には**国際水路機関**事務局（モナコ）に出向し、世界の航行安全を支える国際機関の運営に携わることができました。現在は、**海図**を含め様々な海の情報の提供を行う部署で勤務しています。我が国としてどのような情報提供を進めて行くか考える際など、様々な場面で国際経験が役立っていると実感しています。今後も技術を土台に、幅広い課題に挑戦していきたいと思います。

本庁 海洋情報部
情報利用推進課 課長補佐
長坂 直彦

交通部

JICA専門家として海上交通管制に関する技術支援を行う職員

採用当初は、主に交通部内の海上交通に関する技術的な業務に携わります。その後、交通部以外の部署において政策の企画立案等の経験を積み、地方の管区海上保安本部等の管理職や他省庁への出向を経て、将来的には技術分野及び安全分野における幹部職員として海上保安行政に携わります。また、JICA専門家としての海外派遣や国際会議への参加など、グローバルな活躍の場があります。

職員の声

海上保安庁の技術系総合職として採用され、令和5年4月には20年目を迎えようとしています。ほぼ下図のキャリアパスモデルどおりの経験を経て、現在に至っています。

本庁の係員時代には情報提供システムの整備と全庁的な政策の企画立案を、係長時代には交通部の政策の企画立案を、海上保安部と管区本部の管理職を経て、本庁の課長補佐としてはASEANへの技術支援、情報提供システムの設計、総務省の通信部門への出向等を経て、現在は新技術の導入検討や灯台の文化財化に係る事務等を担当しています。技術系総合職は部ごとの採用なので、一見間口が狭そうには見えますが、技術分野だけでも様々な分野を扱っているのに加えて、行政や国際分野にも携わることができ、チャレンジのしがいのある仕事だと感じています。

是非、就職活動の選択肢に入れていただければと思います。

本庁 交通部
整備課 航路標識企画官
服部 理

▶ **キャリアパスモデル** ※一例であり、個人の希望や適性等により異なります。

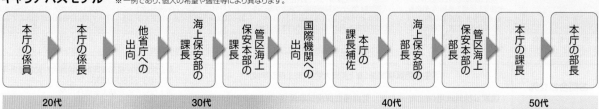

| 本庁の係員 | 本庁の係長 | 他省庁への出向 | 海上保安部の課長 | 管区海上保安本部の課長 | 国際機関への出向 | 本庁の課長補佐 | 海上保安部の部長 | 管区海上保安本部の部長 | 本庁の課長 | 本庁の部長 |

| 20代 | 30代 | 40代 | 50代 |

▶目指せ！海上保安官

国家公務員一般職採用

　海上保安庁では、国家公務員一般職員を採用しています。採用試験に合格後は、本庁及び管区海上保安本部等において、事務区分の場合は「総務・人事・福利厚生・会計部門」などの総務業務に、「技術区分」の場合は「情報通信、船舶等造修・保守、施設管理、航路標識整備部門」などの適性に応じた業務に携わります。

職員の声

　私は地方支部にあたる鹿児島市の第十管区海上保安本部に事務官として採用され、庶務や給与支給関係等の事務に携わってきましたが、現在は私の希望により東京に異動となり本庁秘書課にて勤務しています。入庁当時は、まさか自分が霞が関で働くとは夢にも思っていませんでしたが、秘書課では共済係として、職員やその家族の病気や怪我、出産育児などを支援するため、本庁各課や各管区との事務手続きや各種調整などを行っております。事務官の仕事は主に海上保安官のサポート役であり、間接的とはいえ、自分自身が日本の海を守ることに貢献していると実感しており、業務などで機会があれば海上保安庁の巡視船や航空機に乗ることもあり貴重な経験をしています。また、忙しい時期もありますがそうでない時には定時に帰れるので、東京観光や自分の趣味の時間を持つことができるなど、メリハリある生活が送れています。皆さんも、24時間現場で活躍する海上保安官を支える、そんな仕事を目指してみませんか！

本庁 総務部秘書課
共済係
赤池 桃佳

● 人事院実施の総合職及び一般職試験の合格者を対象に官庁訪問等の面談を実施してからの採用となります。
また、年によって採用予定人数が異なりますので人事院ホームページ等でご確認をお願いします。

海上保安官を目指す方へ

待遇

● 海上保安大学校、海上保安学校、海上保安学校門司分校は、入学金、授業料等は一切不要です。学生生活に必要な制服や寝具等は貸与されます。なお、教科書、食費、身の回り品等は自己負担です。

● 入学と同時に国家公務員としての身分を与えられるため、海上保安大学校、海上保安学校では、毎月約15万円（令和3年度）の給与や期末手当、勤勉手当（いわゆるボーナス）が、海上保安学校門司分校では、入校までの職務経歴に応じた給与等が支給されます。

● 国土交通省職員として、国土交通省共済組合員としての社会保障を受けることができます。

▶ 受験資格（令和5年度）

海上保安大学校	令和5年4月1日において高等学校又は中等教育学校を卒業した日の翌日から起算して2年を経過していない者及び令和6年までに高等学校又は中等教育学校を卒業する見込みの者　等
海上保安大学校（初任科）	平成5年4月2日以降の生まれで、大学（短期大学を除く。以下同じ）を卒業した者及び令和6年3月までに大学を卒業する見込みの者　等
海上保安学校	令和5年4月1日において高等学校又は中等教育学校を卒業した日の翌日から起算して12年を経過していない者及び令和6年までに高等学校又は中等教育学校を卒業する見込みの者　等
海上保安学校（特別）	令和5年4月1日において高等学校又は中等教育学校を卒業した日の翌日から起算して13年を経過していない者及び令和5年9月までに高等学校又は中等教育学校を卒業する見込みの者　等
船艇職員・無線従事者・航空機職員採用試験（海上保安学校門司分校）	海技士、無線従事者、航空従事者の資格を有するもの ※試験区分ごとに異なりますので、詳細はお問合せください
国家公務員採用試験（総合職）	（院卒者試験）平成5年4月2日以降の生まれで、大学院修士課程又は専門職大学院の課程を修了した者及び令和6年3月までに大学院修士課程又は専門職大学院の課程を修了する見込みの者　等（大卒程度試験）平成5年4月2日～平成14年4月1日生まれの者で大学（短期大学を除く。以下同じ）を卒業した者及び令和6年3月までに大学を卒業する見込みの者　等
国家公務員採用試験（一般職（大卒程度））	平成5年4月2日～平成14年4月1日生まれの者。平成14年4月2日以降生まれの者で大学を卒業する見込みの者、短期大学又は高等専門学校を卒業した者及び令和6年3月までに短期大学又は高等専門学校を卒業する見込みの者　等
国家公務員採用試験（一般職（高卒程度））	令和5年4月1日において高等学校又は中等教育学校を卒業した日の翌日から起算して2年を経過していない者（令和3年4月1日以降に卒業した者が該当）及び令和6年3月までに高等学校又は中等教育学校を卒業見込みの者　等

▶ 試験日程（令和5年度）　※新型コロナウイルス感染症をめぐる状況により、変更となる場合があります

	海上保安大学校学生採用試験【海上保安大学校（本科）】	海上保安官採用試験【海上保安大学校（初任科）】	海上保安学校学生採用試験	海上保安学校学生採用試験（特別）
受験案内HP掲載日	6月14日(水)	2月1日(水)	6月14日(水)	2月1日(水)
受付期間	8月24日(木)～9月4日(月)	3月1日(水)～3月20日(月)	7月18日(火)～7月27日(木)	3月1日(水)～3月8日(水)
第1次試験日	10月28日(土)及び29日(日)	6月4日(日)	9月24日(日)	5月14日(日)
第1次試験合格発表日	12月8日(金)	7月5日(水)	10月11日(水)	6月2日(金)
第2次試験日	12月15日(金)	7月11日(火)～7月19日(水)	10月17日(火)～10月26日(木)	6月7日(水)～6月28日(水)
最終合格者発表日	令和6年1月18日(木)	8月15日(火)	11月21日(火)※航空課程は第2次試験合格発表日	7月28日(金)
第3次試験日 ※海上保安学校航空課程のみ			12月2日(土)～12月12日(火)	
最終合格者発表日 ※海上保安学校航空課程のみ			令和6年1月18日(木)	

		船艇職員・無線従事者・航空機職員採用試験	国家公務員採用試験（総合職）	国家公務員採用試験（一般職（大卒））	国家公務員採用試験（一般職（高卒））
受付期間	インターネット	海上保安学校門司分校の採用試験は、当庁職員の在職状況により、募集する職員の種類（船艇職員、無線従事者、航空機職員）及び各採用予定人数、試験日程を決定するため、試験日程等はその都度お問い合わせください。	3月1日(水)～3月20日(月)	3月1日(水)～3月20日(月)	6月19日(月)～6月28日(水)
第一次試験			4月9日(日)	6月11日(日)	9月3日(日)
第二次試験			筆記試験:5月7日(日) 人物試験:第2次試験通知書で指定する日時（院卒者）5月22日(月)～5月31日(水)（大卒程度）5月15日(月)～5月31日(水)	7月12日(水)～7月28日(金) 第一次試験合格通知書で指定する日時	10月11日(水)～10月20日(金) 第一次試験合格通知書で指定する日時
最終合格者発表			6月8日(木)	8月15日(火)	11月14日(火)
採用時期			おおむね令和6年4月1日以降	おおむね令和6年4月	おおむね令和6年4月

お問合わせ先	学生採用試験関係（海上保安大学校・海上保安学校）	海上保安庁総務部教育訓練管理官付試験募集係 TEL:03-3580-0936
	国家公務員採用（総合職・一般職）、有資格者採用試験関係（海上保安学校門司分校）	海上保安庁総務部人事課任用係 TEL:03-3591-6361（内線2541、2542）

様々な研修

ほとんどの海上保安官は、大学校・学校を卒業後、巡視船艇に配属されます。その後は、経験を積みながら、自分の適性や希望に応じて様々な研修を受けることで、それぞれが目指す道に向けてキャリアアップを図っていきます。

海上保安大学校特修科

海上保安学校卒業者・門司分校修了生を対象とした将来の幹部候補生を養成する研修です。一定期間現場で仕事をした後、選抜された職員が、初級幹部として必要な素養を身につけます。

航空整備士研修

航空機の整備を行うエキスパートを養成する研修です。海上保安学校在学中に選抜試験に合格した者等が、航空機の機種毎に必要な知識・技能を身につけます。

特修科

ケーブル調整

潜水研修

海難事故が発生した場合に、転覆船等に取り残された方の救出や漂流者の救助等にあたる**潜水士**を養成する研修です。約2か月にわたる研修・訓練では、潜水業務に必要な知識・技術、転覆船を想定した救助活動等を行います。

語学研修

外国人犯罪の捜査を行うためには外国語が不可欠であり、現場の捜査で必要なプロフェッショナルを養成する研修です。研修終了後、国際捜査官等として犯罪捜査等の業務に従事します。

潜水研修

語学研修

海上保安官のライフプラン

海上保安官の給与モデル

海上保安官の給与（諸手当を含む）は、一般職の国家公務員の給与に関する法律等の法令の定めに従い支給されています。以下に海上保安官の月収の例を紹介します。

例1）

保安学校卒、大型巡視船の士補、25歳、独身の場合（4/1入学時18歳）	約26万円

例3）

保安学校卒、40歳、既婚、子供2人の場合（4/1入学時18歳）	陸上勤務（海上保安部の係長）	約36万円
	巡視艇船長	約39万円

例2）

保安大学校卒、大型巡視船の主任、25歳、独身の場合（4/1入学時18歳）	約28万円

例4）

保安大学校卒、陸上勤務（海上保安部の課長）、40歳、既婚、子供2人の場合（4/1入学時18歳）	約46万円

※ 上記金額は月々の基本給与額であり、この他、期末・勤勉手当（ボーナス（4.40月／年））や、業務に応じた特殊勤務手当、勤務地によっては地域手当（0～20%）などさまざまな諸手当が支給されます。

■本文中の**太字の語句**は、143ページからの「**語句説明**」に解説を掲載しています。

▶ライフワークバランス

家庭と仕事の両立支援制度の利用促進

育児休業

千葉海上保安部 巡視艇あわかぜ 機関士補　白石 健

私は、巡視艇の機関科職員として、船のエンジンの保守整備や、警備救難業務を行っています。

第二子の妊娠が判明したのが2021年の12月頃で、私は同部署の別の船の乗組員でした。

妊娠判明時、妻は看護師として勤務していたため、仕事はどうするのかと議論になり、妻から「職場復帰したい」という声が上がったことから『私が育児休業を取得する』という案が浮かびました。

しかし、私が乗船しているCL型巡視艇の乗組員は、航海科3人、機関科2人の計5人しかおらず、私が育休を取得することで、機関科の職員が機関長だけになってしまい、機関長が全く休めなくなってしまいますし、他の乗組員も休暇を取得しづらくなってしまうという懸念がありました。

また、男性が育休を取得することや取得後の職場復帰に不安があり、育休の取得はかなり後ろ向きでした。

そんな中、現在の船への異動が決まり、異動先の船長・機関長に相談したところ「船のことは気にしなくて大丈夫」と育休取得を快く認めてくださったので、1か月間育休を取得することを決めました。

育休期間中は、上の子を保育園に送り、息子が泣いたらミルクをあげ、寝ている時間で洗濯や掃除に夕食作り、夕方になったら保育園のお迎えをしてご飯の準備…と、自分の時間はほとんどありませんでしたが、息子の日々の成長を一番近くで見届けられることが何より嬉しく、大変でしたがとても幸せな時間でした。

職場復帰後も暖かい言葉をかけていただき、私の心配は杞憂でした。

今回育休を取得して、職場の方々の理解やサポートなくしては取得できないと改めて痛感しました。

育休の取得を快諾し様々な面でご助力いただいた船長・機関長をはじめ、私の業務を肩代わりしてくれた同僚には、感謝してもしきれません。

今後、周りの職員が育休の取得を考えていた際には、取得を推進し、最大限サポートしていき、取得しやすい環境を作っていける職員になりたいと思います。

妻のコメント

私が産後2か月で仕事復帰をするため、夫に育児休業を取得してもらいました。

体調や赤ちゃんのことなど不安はありましたが、主人は以前から家事や育児を積極的に行ってくれていたため、1か月間私は何も心配なく仕事に専念できました。上の子も、パパが毎日おうちにいて、とても嬉しそうでした。

職場の方々にもご協力いただき、育児休業を取得させていただいたことにとても感謝しております。

産後の大変な時期に父親が家にいてくれることは身体的・精神的にすごく助かりました。今後、男性の育児休業取得が当たり前になればいいなと改めて思った1か月でした。

上司の声

千葉海上保安部 巡視艇あわかぜ 機関長
中島 康裕

私が白石官から「1か月間育児休業を取得したい」と申し出があったのは、休業取得から半年前のことでした。

表向きでは、「取得して大丈夫だよ」と答えたものの、私たちの巡視艇には職員が5名しかおらず、その中でも船の機関を管理する機関科職員は私と白石官しかおりませんので、内心、「長期間1名が欠けると他の職員の予定にも影響あるかな」や「私が新型コロナウイルスに感染して出勤出来なくなった場合はどうしよう」と心配していました。

ですが、千葉海上保安部全体が非常に協力的で、サポート体制も万全に備えてくれたので私の心配は直ぐに解消されました。

白石官が不在の間、他の乗組員に予定が入った際や私が急病となった際の対策として、他の巡視艇と出勤日を調整したり、陸上勤務する機関科の職員が代理で乗船する体制を組んでくれたりと、千葉海上保安部全体の対応に大変感謝しております。

育児休業の取得は、このような職場全体での業務面のサポートは勿論ですが、休業に入る職員は長期間職場を離れて他の職員に迷惑をかけるのではないか?という罪悪感や、職場復帰する時の不安感があると思いますので、精神面でのサポートも重要だと思いました。ですので、私は白石官が気負うことなく休めるよう、休業の数カ月前からは仕事の話をする際にも少し冗談を交えたり、昼休みには積極的に趣味の話をしたりして、安心して育児休業に入れ、不安なく復帰出来ると感じてくれるようなコミュニケーションを心がけました。

育児休業を終え、白石官が久しぶりに出勤したとき、充実した表情が見れて、更に仕事も生き生きと取り組んでいたので、やはり良い仕事は家庭との両立があってこそだと感じました。

この育児休業という制度は今後より普及するものだと思いますので、ライフワークバランスに関わる育児休業等の取得を考える職員がいれば、気持ちよく取得できるよう推進していきたいと思います。

　誰もが能力を発揮し活力ある職場を作るためには、男女を問わず育児・介護を行いながら安心して働き続けられる仕組みが必要であり、海上保安庁では、育児休業や介護休暇をはじめとする各種両立支援制度を整え、職員一人ひとりの事情に応じた活用を推進しています。また、職員の負担軽減のための時差出勤やフレックスタイム制の活用促進、テレワークの拡大等柔軟な働き方の実現への取組を続けています。男性職員の育児休業については、令和2年度以降、子供の生まれた全ての男性職員が育児に伴う休暇・休業を1か月以上取得できることを目指し、取得率向上への取組を強化しています。対象職員や管理職層職員に対する各種制度についての説明や研修会の開催、取得好事例や体験記の庁内外への発信により、組織全体の雰囲気醸成に努めています。

フレックスタイム勤務

第二管区海上保安本部 海洋情報部 監理係長　**大友 裕之**

　男女を問わず子育てをしながら働き続けるための制度の中に、フレックスタイムがあることを知り、令和4年1月から利用しています。

　子供が生まれてからの6年間、妻の育児休業や育児時短勤務等の取得で家庭が成り立っており、私が子供と関わるのは、土日を中心としたわずかな時間でした。

　フレックスタイムの利用で勤務開始時間を1時間遅くすることで、朝の家事、長男の見送り、次男のこども園への送迎と子供達との日々の関わりが多くなり、家族の結束力が更に強くなりました。また、私が朝の時間を子供と過ごすことにより、妻は午前8時30分からの勤務開始が可能となり、夕方のみの時短勤務となりました。

　このことは、仕事を続けるうえで、夫婦どちらか片方だけでなく、お互いのスキルやキャリアアップにつながっていくと感じています。

テレワーク ～「働く」を工夫する～

本庁 総務部人事課 人事企画調整官　**松本 拓也**

　海上保安庁でも、テレワークを導入しており、働き方の選択肢が広がっています。

　当庁には、現場に赴いての事件・事故対応をはじめとした多種多様な業務があり、巡視船艇・航空機・陸上部署など様々な勤務体制があることから、すべての職場・職員が可能というわけではありませんが、本庁・管区本部などの陸上部署では、交代で在宅勤務もできる環境になっています。

　テレワークを活用することで、これまで通勤に要していた時間の有効活用（自己啓発・趣味や育児など）、単身赴任や介護等定期的に帰省する職員が、休暇と組み合わせて帰省して家族と過ごす時間を長くするなど、個々のライフに応じた働き方もできます。

　私は令和4年4月から本庁勤務となり、単身赴任中です。妻と子供2人とは離れて生活しています。1～1ヶ月半に1回の頻度で休暇を取得し、土日＋α日を鹿児島に住む家族と過ごしています。

　また、休暇だけでなく、帰省先でテレワークをすることで、家族と過ごすことができる時間を増やすこともできます。

　海上保安官にとって転居を伴う転勤はつきもので、私も海上保安大学校入学とともに地元（香川）を離れ、これまで様々な土地で暮らし、仕事をしてきました。

　巡視船艇勤務と本庁・管区本部などの陸上勤務を繰り返し、勤務地が変わることで「ワーク」は変わりますが、これと並行して結婚・子供の成長・趣味やその仲間など自分や家族の「ライフ」も変化しています。

　ライフステージが変化する中で、今回は初めて単身赴任を選択しました。さびしさはありますが、働き方を工夫することで定期的に家族と過ごす時間を持てており、日々仕事する中で「少し先にある楽しみ」になっています。

　「職員やその家族の「ライフ」も意識しながら働く・働いてもらう」

　これからも仕事を続ける中で、意識していきたいと思います。

▶ ライフワークバランス

▶ 両立支援制度の概要（妊娠・出産・育児）

目的			両立支援制度	制度の概要 ※詳細については、所属機関の人事担当にもご確認ください。
妊娠	出産	育児		
◎			出生サポート休暇	不妊治療に係る通院等のための休暇（年5日（体外受精等に係る通院等の場合は更に5日加算））
○			深夜勤務・時間外勤務の制限	妊産婦である職員が深夜（午後10時〜午前5時）・正規の勤務時間以外に勤務しないこと
○			健康診査・保健指導を受けるための職専免	妊産婦である職員が健康診査・保健指導を受けるため勤務しないこと
○			業務軽減	妊産婦である職員の業務を軽減し、又は他の軽易な業務に就くこと
○			休息・捕食のための職専免	妊娠中の職員が適宜休息し、又は捕食するため勤務しないこと
○			通勤緩和のための職専免	妊娠中の職員が交通機関の混雑を避けるため始業又は終業時に1日1時間まで勤務しないこと
	○		産前休暇	6週間（多胎妊娠の場合は14週間）以内に出産する予定である場合の休暇（出産日まで）
	○		産後休暇	出産した場合の休暇（出産日の翌日から8週間を経過する日まで）
	●		配偶者出産休暇	妻の出産に伴う入退院の付添い、子の出生の届出等を行うための休暇（2日）
	●		育児参加のための休暇	妻が出産する場合に出産に係る子・未就学児を養育するための休暇（5日）
		◎	育児休業	3歳未満の子を養育するための休業
		◎	子の看護休暇	未就学児を看護するための休暇（年5日（未就学の子が2人以上の場合は10日））
		◎	育児短時間勤務	未就学児を養育するため、通常より短い勤務時間（週19時間25分等）で勤務すること
		◎	育児時間	未就学児を養育するため、始業又は終業時に1日2時間まで勤務しないこと
		◎	保育時間	1歳未満の子に授乳等を行うための休暇（1日2回それぞれ30分以内）
		◎	育児を行う職員のフレックスタイム制	小学校6年生までの子を養育するため、総勤務時間数を変えずに、日ごとの勤務時間数・勤務時間帯を変更すること
		◎	早出遅出勤務	未就学児の養育・小学生の放課後児童クラブ等への送迎のため、勤務時間帯を変更すること
		◎	深夜勤務の制限	未就学児を養育するため、深夜に勤務しないこと
		◎	超過勤務の免除	3歳未満の子を養育するため、超過勤務しないこと
		◎	超過勤務の制限	未就学児を養育するため、1月につき24時間、1年につき150時間を超えて超過勤務しないこと
		◎	休憩時間の延長	小学校6年生までの子を養育するため、休憩時間を延長すること（休憩時間の直前又は直後に在宅勤務を行うときに限る）
○		◎	休憩時間の短縮	未就学児の養育・小学生の送迎・妊娠中職員の交通機関混雑の回避のため、休憩時間を短縮すること

（注1）「○」は女性のみ対象とする制度、「●」は男性のみ対象とする制度、「◎」は男女とも対象とする制度です。
（注2）「職専免」とあるのは、「職務専念義務の免除」の略で、職員は各省各庁の長の承認を受けて勤務しないことができます。

▶ 妊娠・出産・育児に関する制度の利用可能期間

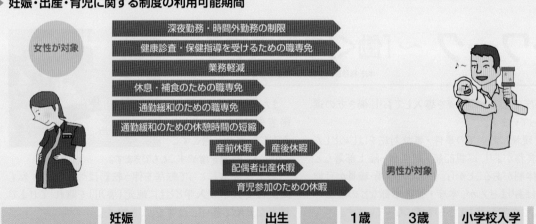

▶輝く! 女性海上保安官

女性活躍近況

海上保安庁では、昭和54年から海上保安学校において女子学生の採用を開始し、令和4年4月1日現在、1,251人が在籍しており、全職員の8.6%となっています。本庁の課長や室長、海上保安署長、巡視艇船長や機関長、パイロット、**海上交通センター**運用管制官等、さまざまな業務を遂行しています。

▶ 女性職員数の推移及び割合

	H25	H26	H27	H28	H29	H30	H31(R1)	R2	R3	R4(年)
女性職員数の推移(人)	663	733	782	843	865	918	979	1,066	1,164	1,251
女性職員の割合(%)	5.1	5.5	5.8	6.2	6.3	6.6	6.9	7.4	8.1	8.6

海上保安庁では様々な分野で活躍する女性保安官が増えています!
今回は国際捜査官とパイロットの女性保安官にインタビューに答えてもらいました!

第一管区海上保安本部　釧路海上保安部　巡視船いしかり　通信士補　**村上 叶**

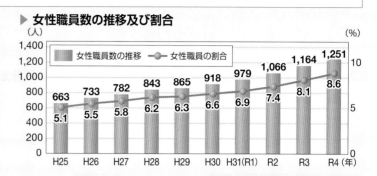

● **簡単な経歴(語学研修含む)**

私は海上保安学校情報システム課程を卒業後、PM型巡視船で2年間勤務した後に韓国語基礎課程の語学研修に参加しました。現在は通信士補兼国際捜査官としてPM型巡視船で勤務しています。

● **現在の業務**

主な業務は通信科の業務ですが、日本海大和堆周辺海域に配備する巡視船に国際捜査官として乗船し、違法操業外国船に対し、韓国語で退去警告を行うなどの業務にも従事します。

● **嬉しかった・やりがいを感じた経験**

海上保安学校を卒業してからずっと念願だった国際捜査官になるという目標を達成できたことが一番に嬉しかったです。語学を勉強するのは大変ですが、自分の伝えたいことが韓国語で言えるようになった時は自分の成長が実感でき、達成感があります。

● **女性保安官を目指す人へのメッセージ**

海上保安庁は船に乗る仕事のイメージがほとんどだと思いますが、実は業務は幅広く多岐にわたり女性が活躍できる業務はたくさんあります。その中でも私は高校生の頃海外に短期留学した経験から海外の方と会話するのが好きでその頃から語学を使った仕事がしたいという思いがありました。韓国語は高校の頃友人と英語以外の語学を習得しようと勉強し始めたのがきっかけです。海上保安庁に入庁したとき国際捜査官という役職があることを知りこの道を選びました。語学や海外に興味がある方にはぴったりな職種だと思います!

● **今後の抱負**

これからも自身の語学能力の向上と経験をたくさん積んで、ネイティブのように迅速に対応できる国際捜査官として活躍したいと思います。

第八管区海上保安本部　美保航空基地飛行科　飛行士　**湯山 春香**

● **簡単な経歴**

入庁後、海上保安学校航空課程(1年間)で海上保安官としての知識や航空の基礎を学んだのち、宮城分校にてヘリコプターの事業用操縦士資格取得に向けた座学および実機訓練を行いました。およそ2年半の訓練と試験を終えて免許取得後、現在の美保航空基地に配属となり1年が経ちました。

● **現在の業務**

ヘリコプターの副操縦員として機体に乗り組み、機長や通信士、整備士、**機動救難士**等、と連携しながらしょう戒、隠岐諸島からの急患搬送、船舶からの吊上げなどの業務に従事しています。航空基地での当直業務や、間もなく始まる資格取得のための国外研修に向けての準備も進めているところです。

● **うれしかった、やりがいを感じた経験**

配属から2か月が経ったころ、まだヘリコプターの副操縦員として業務し始める前に、飛行機による隠岐からの急患搬送に同乗させていただき、患者さんの奥様と小さいお子さんのアテンドをしました。後日、奥様からお礼の手紙をいただき、搬送時のご家族の気持ちをうかがい知ることができました。ヘリコプターの副操縦員として対応する際には患者の方や付き添いの方とパイロットが話す機会はあまりないので、この経験を忘れることなく、今後も患者の方や要救助者、そのご家族へパイロットとして何ができるかを考えながら対応し続けたい、と思わせてくれた出来事でした。

● **女性パイロットを目指す人へのメッセージ**

私自身、海上保安庁のこともあまり知らず、航空への憧れでこの世界に飛び込みました。まだまだ経験を積んでいるところではありますが、今では海と空という特殊な環境の中で異なる科隊の職員と多様な業務に携われるこの職に誇りを持っています。ここ数年では毎年のように航空課程に複数名女性が入学しており、教育機関や現場においても、先輩や上司がサポートしてくださいます。とはいえ、まだまだ全体としては割合が少ないのが現状です。少しでも興味があれば、ぜひ飛び込んでわたしたちの仲間になってください。

■本文中の**太字の語句**は、143ページからの「**語句説明**」に解説を掲載しています。

女性活躍推進への取組

研修の実施

職員を対象としたライフワークバランス推進、働き方改革やハラスメントの防止に係る研修を実施しています。

マタニティ服

組織が職員の妊娠を共に喜び、出産・育児休業を取得した後は、職場に戻ってきてほしい！という思いを込めたマタニティ服が妊娠中の女性保安官に愛用されています。

女性職員の生活空間

海保全体の女性割合が8.6％に対し、**海上交通センター**で働く女性割合は約20％！

女性にとってより一層働きやすい職場にするため、大阪湾**海上交通センター**の淡路島から神戸市（ポートアイランド）への移転に併せ、女性施設も充実しました！

特に更衣室は、全体的に明るく、広くなり、気持よく仕事を始められそうです。他にもシャワー室や洗面化粧台等がキレイになり、利便性も向上しています。

before

after

北九州航空研修センター

01 Column

海保初自前の事業用操縦士（飛行機）誕生

令和2年4月に海上保安庁で初めてとなる飛行機操縦士養成施設として発足した北九州航空研修センター。当庁では、これまでは飛行機操縦要員を防衛省に委託して養成していましたが、令和4年8月、ついに海保初の『自前』の事業用操縦士（飛行機）が北九州航空研修センターから誕生しました。

発足してすぐに新型コロナウイルスが流行し思うように訓練が進まず、教官も研修生も苦しい思いをしました。そのうえ北九州航空研修センターには寮がなく、研修生寮としているホテルが療養施設となったときには他のホテルを転々とするなど、苦労を耐え忍んできました。そういった中でも、教官の試行錯誤に加え、研修生の努力と忍耐により、入校から約2年半、飛行機基礎課程1期生の2名が事業用実地試験に合格し、北九州航空研修センターを巣立ち

実技訓練の研修生2名

ました。

令和4年12月現在、2期生全員が自家用実地試験に合格し、事業用実地試験合格に向けて日々訓練や勉学に取り組んでいます。10月には新たに3期生も加わり、ますます教職員・研修生が一丸となって、事業用操縦士資格取得に向けて訓練に励んでいます。

北九州航空研修センター発足後初の事業用（飛行機）実地試験合格者

修了式後の写真撮影（前段右から1人目、4人目が研修生）

海上保安庁の任務・体制

我が国周辺海域では、毎年数多くの事件・事故が発生しており、海上保安庁では、日々、こうした事件・事故の未然防止に努めるとともに、遠方離島海域における**領海**警備や、海洋権益の確保、船舶交通の安全の確保等、さまざまな業務にあたっています。なかでも、尖閣諸島周辺海域で執拗に繰り返されている中国海警局に所属する船舶による**領海**侵入や、外国の海洋調査船による我が国の同意を得ない海洋調査活動への対応等、海上保安庁の業務はますます多様化し、その重要性が高まっています。

ここでは、海上保安庁の任務とその基盤となる体制について紹介します。

1　海上保安庁の任務

　海上保安庁は、「海上の安全及び治安の確保を図ること」を任務としています。この任務を果たすため、広大な「海」を舞台に、国内の関係機関のみならず、国外の海上保安機関等とも連携・協力体制の強化を図りつつ、治安の確保、海難救助、海洋環境の保全、自然災害への対応、海洋調査、海洋情報の収集・管理・提供、船舶交通の安全の確保等、多種多様な業務を行っています。

海上保安庁法（昭和23年法律第28号）〈抄〉

　第2条第1項　海上保安庁は、法令の海上における励行、海難救助、海洋汚染等の防止、海上における船舶の航行の秩序の維持、海上における犯罪の予防及び鎮圧、海上における犯人の捜査及び逮捕、海上における船舶交通に関する規制、水路、航路標識に関する事務その他海上の安全の確保に関する事務並びにこれらに附帯する事項に関する事務を行うことにより、海上の安全及び治安の確保を図ることを任務とする。

海上保安庁の任務・体制

2 機構

海上保安庁は、国土交通省の外局として設置されており、本庁（東京都）の下、日本全国に管区海上保安本部、海上保安部等を配置し、一元的な組織運用を行っています。

 本庁

本庁には、長官の下に、内部部局として総務部、装備技術部、警備救難部、海洋情報部、交通部の5つの部を置いています。本庁は、基本的な政策の策定、法令の制定や改正、他省庁との調整等を実施しており、海上保安行政の「舵取り」を担っています。

 管区海上保安本部・海上保安部等

海上保安庁では、全国を11の管区に分け、それぞれに地方支分部局である管区海上保安本部を設置し、担任水域を定めています。

また、管区海上保安本部には、海上保安部、海上保安署、航空基地等の事務所を配置し、巡視船艇や航空機等を配備しています。これらの事務所や巡視船艇、航空機等により、治安の確保や人命救助等の現場第一線の業務にあたっています。

 教育訓練機関

海上保安庁では、将来の海上保安官の養成や、現場の海上保安官の能力向上のための教育訓練機関として、海上保安大学校（広島県）、海上保安学校（京都府）を設置しています。（詳しくは34ページからの「海上保安庁で働く「人」」をご覧ください。）

◆ **機構図** （令和5年4月1日現在）

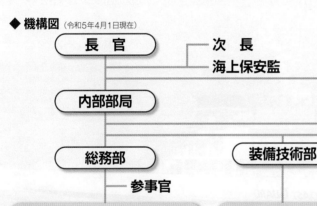

長官 ── 次長／海上保安監

内部部局

総務部 ── 参事官

政務課
総合調整、文書管理、法令審査、企画調整、組織、広報、情報公開、政策評価、国会、会計、留置業務、犯罪被害者等支援策

秘書課
機密、給与支給、福利厚生、共済組合、海上保安官に協力した者等の災害給付

人事課
職員の職階、任免、給与、懲戒、服務、定員、表彰

情報通信課
情報通信システムの整備、管理、情報の管理の総括

教育訓練管理官
職員の教養、訓練、教育機関に関する事務

主計管理官
予算、決算、会計監査

国際戦略官
国際事務、国際協力

危機管理官
危機管理

海上保安試験研究センター
試験・研究、分析・鑑定

装備技術部

管理課
装備技術部の総合調整、企画立案、技術開発

施設補給課
施設整備、国有財産・物品の管理

船舶課
船舶の建造及び維持

航空機課
航空機の建造及び維持、航空基地の整備

警備救難部

管理課
警備救難部の総合調整、船舶、航空機等の整備運用

刑事課
刑法犯、海上環境事犯、密漁等の海上犯罪対策

国際刑事課
密輸・密航対策、海賊対策

警備課
テロ対策、領海警備、不審船・工作船対策

警備情報課
警備情報の収集、分析、管理

救難課
海難救助、事故対策

環境防災課
海上防災対策、海洋環境保全対策

海洋情報部

企画課
海洋情報部の総合調整、企画立案等

技術・国際課
海洋情報業務の調査研究、技術、国際業務

沿岸調査課
沿岸の海洋調査

大洋調査課
沖合の海洋調査、大陸棚測量

情報管理課
海洋情報の収集、整理、保管

情報利用推進課
海洋情報の提供

海上保安庁の令和5年度機構改正は以下のとおりです。

● 第十管区海上保安本部所属巡視船の稼働率を確保し、尖閣**領海**警備を含む業務執行体制を確実に維持するため、第十管区の船舶技術業務を一元的に管理監督、運営する「船舶技術部」を設置。

● サイバーセキュリティ上の新たな脅威に対抗するため、本庁総務部情報通信課に、情報通信システムの抗たん性を強化するなど、当庁の情報通信システムの強靭化と安全の確保を行う「サイバー対策室」を設置。

◆ 管区海上保安本部担任水域概略図

● 管区海上保安本部

第一管区 / 小樽 / 第九管区 / 第八管区 / 新潟 / 塩釜 / 第二管区 / 第七管区 / 舞鶴 / 広島 / 横浜 / 北九州 / 神戸 / 名古屋 / 第三管区 / 第六管区（瀬戸内海等） / 第十管区 / 鹿児島 / 第五管区 / 第四管区 / 那覇 / 第十一管区

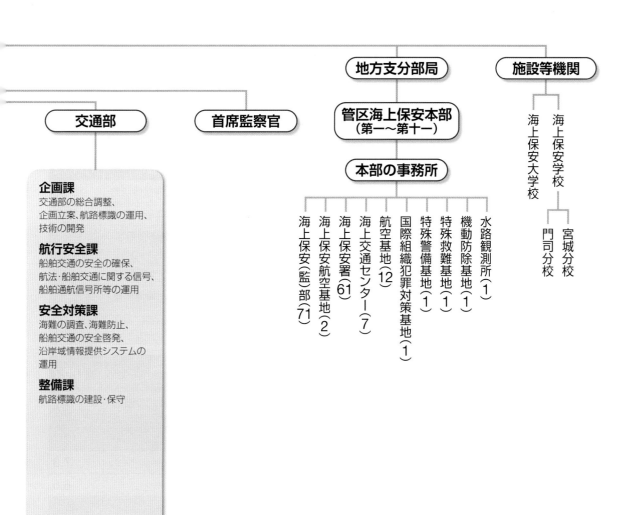

交通部

企画課
交通部の総合調整、企画立案、航路標識の運用、技術の開発

航行安全課
船舶交通の安全の確保、航法・船舶交通に関する信号、船舶通航信号所等の運用

安全対策課
海難の調査、海難防止、船舶交通の安全啓発、沿岸域情報提供システムの運用

整備課
航路標識の建設・保守

首席監察官

地方支分部局

管区海上保安本部
（第一〜第十一）

本部の事務所

海上保安（監）部 (71) / 海上保安航空基地 (2) / 海上保安署 (61) / 海上交通センター (7) / 航空基地 (12) / 国際組織犯罪対策基地 (1) / 特殊警備基地 (1) / 特殊救難基地 (1) / 機動防除基地 (1) / 水路観測所 (1)

施設等機関

海上保安大学校 / 海上保安学校 / 門司分校 / 宮城分校

海上保安庁の任務・体制

3　定員

令和4年度末現在、海上保安庁の定員は14,538人であり、このうち、管区海上保安本部等の地方部署の定員は12,271人となっています。また、巡視船艇・航空機等には7,107人の海上保安官が乗り組み、現場第一線で業務に従事しています。

令和5年度は、新安保戦略を踏まえた海上保安能力の強化や国民の安全・安心を守る業務基盤の充実のための要員として、428人を増員し、海上保安の基盤強化を推進しました。

◆ 令和5年度における増員の内容

（単位：人）

1.新安保戦略を踏まえた海上保安能力の強化	228
（1）新たな脅威に備えた高次的な尖閣領海警備能力	170
（2）新技術等を活用した隙の無い広域海洋監視能力	27
（3）戦略的な国内外の関係機関との連携・支援能力	5
（4）海洋権益確保に資する優位性を持った海洋調査能力	4
（5）強固な業務基盤能力	22

2.国民の安全・安心を守る業務基盤の充実	200
（1）巡視船艇の高機能代替	2
（2）治安・安全対策等の強化	198

合　計	428

※令和5年度末定員　14,681人　　　　※定員合理化等　285人

4　予算

海上保安庁の令和5年度予算額は、令和4年12月に決定された新たな国家安全保障戦略を踏まえた「海上保安能力強化に関する方針」を受け、過去最大の2,431億円となっています。このうち、人件費として1,066億円、巡視船・航空機等の整備費として410億円、運航費（燃料費、修繕費等）として486億円を計上しています。

また、令和4年度補正予算では、760億円が措置されています。

◆ 令和5年度の予算

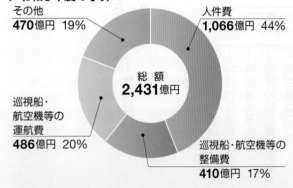

その他
470億円　19%

人件費
1,066億円　44%

総　額
2,431億円

巡視船・
航空機等の
運航費
486億円　20%

巡視船・航空機等の
整備費
410億円　17%

その他（内訳）		
船舶交通安全基盤整備事業（公共事業）	212億円	8.7%
海洋調査経費	16億円	0.7%
官署施設費	46億円	1.9%
維持費等一般経費	195億円	8.0%

注1　端数処理の関係で、合計額は必ずしも一致しない。
注2　デジタル庁へ振り替える経費（16億円）を含む。

◆ 令和5年度の予算の重点事項

（単位：億円）

1. 新安保戦略を踏まえた海上保安能力の強化	1,113.2
（1）新たな脅威に備えた高次的な尖閣領海警備能力	194.6
（2）新技術等を活用した隙の無い広域海洋監視能力	138.0
（3）大規模・重大事案同時発生に対応できる強靭な事案対処能力	2.7
（4）戦略的な国内外の関係機関との連携・支援能力	2.7
（5）海洋権益確保に資する優位性を持った海洋調査能力	16.0
（6）強固な業務基盤能力	759.1

2. 国民の安全・安心を守る業務基盤の充実（再掲を除く）	80.7
（1）知床遊覧船事故を受けた救助・救急体制の強化（再掲を含む）	3.6
（2）治安・救難・防災業務の充実	13.7
① 装備資器材等の充実・強化	7.3
② G7広島サミットへの対応	6.5
（3）海上交通の安全確保	41.2
（4）防災・減災、国土強靱化の推進	25.8

5 装備

　海上保安庁では、令和4年度末現在、474隻の船艇と92機の航空機を運用しています。（船艇・航空機の種別については、13ページからの「特集」をご覧ください。）

　今後の具体的な整備については、「海上保安能力強化に関する方針」に基づき、大型巡視船等14隻及び航空機10機の増強整備を推進するとともに、老朽化した巡視船艇等7隻及び航空機3機の代替整備を推進していくこととしています。また、令和5年度には無操縦者航空機3機を運用することとしています。

　これら巡視船艇等21隻、航空機13機の整備を着実に進めることにより、新安保戦略を踏まえた海上保安能力の強化を一層推進していくこととしています。

◆ 令和5年度の船艇・航空機の整備状況

新安保戦略を踏まえた海上保安能力の強化			
増強整備	巡視船	ヘリコプター搭載型巡視船（PLH型）	3隻（うち※1隻）
		国際業務対応・練習船	※1隻
		大型練習船	1隻
		3,500トン型巡視船（PL型）	7隻（うち※2隻）
		1,000トン型巡視船（PL型）	2隻
	航空機	大型ジェット機	1機
		中型ヘリコプター	9機（うち※3機）
		合計	14隻（うち※4隻）・10機（うち※3機）
航空機		無操縦者航空機（リース）	3機（うち※2機）

代替整備	巡視船艇等	ヘリコプター搭載型巡視船（PLH型）	2隻
	小型巡視船（PS型）	1隻
	大型巡視艇（PC型）	1隻
	小型巡視艇（CL型）	※2隻
	小型測量船（HS型）	※1隻
航空機	中型ヘリコプター	3機
	合計	7隻（うち※3隻）・3機

※令和4年度補正予算又は令和5年度予算で着手したもの。

6 監察

　海上保安庁は、国民の視点に立った公正かつ効率的な行政の運営を行う義務を負い、海上保安官は国家公務員であると同時に司法警察職員として、より厳正な規律の保持が求められています。また、危険性が高い特殊な環境であっても業務を迅速かつ的確に遂行しなければならないため、常に安全に関する高い意識も求められています。

　このため、本庁に首席監察官を、管区海上保安本部に管区首席監察官を設置し、業務の実施状況や事故・不祥事の監察を実施しています。

　具体的には、毎年度、全国の管区海上保安本部や本部の事務所、船艇を対象に実地調査や書面調査により監察を行っています。また、事故や不祥事が発生した際には、その発生状況の調査と原因を究明します。

　こうした監察により海上保安庁における問題点及び改善すべき事項を明らかにし、職場や業務環境の改善向上、事故等の未然防止や再発防止を図るとともに、公正かつ効率的な行政運営に努めています。

海上保安庁の任務・体制

7　政策評価

海上保安庁では、国民の皆様のニーズに沿った行政運営を行うため、「行政機関が行う政策の評価に関する法律」等に基づき政策評価を実施しています。

政策評価の基本的な方式は、以下の3種類に分けられます。

（1）政策アセスメント（事前評価）

新たに導入しようとする施策の企画立案等に対して、その必要性、効率性、有効性といった観点から評価する手法です。

（2）政策チェックアップ（事後評価）

施策目標ごとに業績指標とその目標値を設定し、定期的に業績を測定して目標の達成度を評価する手法です。

（3）政策レビュー（事後評価）

既存施策について、国民の皆様の関心の高いテーマを選定し、政策の実施とその効果との関連性や外部要因を踏まえた政策の効果等を詳細に分析し、評価を実施します。

このほか、政策の特性に応じて、個別公共事業評価や規制の政策評価等を実施しています。

また、海上保安庁は、「中央省庁等改革基本法」等に基づき、実施庁として位置付けられており、国土交通省が実施庁の達成すべき目標を設定し、同省がその目標に対する実績を評価する「実施庁評価」の対象にもなっています。

海上保安庁では、これらの政策評価を通じ、今後も、国民の皆様に対する行政の説明責任を徹底し、質の高い行政サービスの提供に努めてまいります。

8　広報

近年、尖閣諸島周辺海域における**領海**警備や、日本海大和堆周辺海域における外国漁船による違法操業への対応、頻発・激甚化する自然災害への対応等により、海上保安庁に対する国民の皆様の認知度や関心が高まっています。その一方で、海上保安庁の業務は海上で行われることが多いため、国民の皆様の目に触れる機会は限られています。海上保安庁では、国民の皆様に海上保安庁の業務に対する理解を深めていただくため、

● 積極的な広報による情報提供
● 全国各地でのイベント等の開催、海上保安庁音楽隊の演奏会を通じたPR活動
● インターネットを利用した情報発信や動画配信による情報提供

等のさまざまな広報活動を実施しています。

海上保安庁に関するお問い合わせは、総務部政務課政策評価広報室までお願いします。皆様からいただいたご意見・ご質問は、海上保安庁の業務をより良くするために活用させていただきます。

海上保安庁HP

海上保安庁ホームページでは、海上保安の任務、各種資料や申請・手続きについて情報提供を行っております。

 海上保安庁 HP

 海上保安庁 英語版HP

海上保安庁 公式Twitter

海上保安庁公式Twitterでは、業務や行事などを中心に国民の皆さまにお知らせしたい情報を発信しています。

JCG 海上保安庁

フォロー

海上保安庁 ✓
@JCG_koho

海上保安庁公式アカウントです。海上保安庁ホームページの新着情報を中心に、国民の皆さまにお知らせしたい情報を発信していきます。
運用ポリシーはこちら⇒kaiho.mlit.go.jp/soshiki/soumu/...

⊙ 東京都千代田区霞が関2-1-3   🔗 kaiho.mlit.go.jp

🗓 2014年12月からTwitterを利用しています

海上保安庁 採用Twitter

海上保安庁採用Twitterでは、採用情報を中心に海上保安庁を目指す皆さまにお知らせしたい情報を発信しています。

海上保安庁
JAPAN COAST GUARD

フォロー

海上保安庁＠採用担当 ✓
@JCG_saiyou

海上保安庁採用担当アカウントです。海上保安庁の採用情報のほか、学生生活、仕事の内容など、海上保安庁を目指す受験生の皆様に必要な情報を発信していきます。運用ポリシーはこちら→kaiho.mlit.go.jp/soshiki/sns-ac...

⊙ 東京 千代田区霞ヶ関2-1-3   🔗 kaiho.mlit.go.jp/recruitment/

🗓 2020年6月からTwitterを利用しています

海上保安庁 YouTube

海上保安庁YouTube公式アカウントでは、海上保安庁の活動に関する情報など、さまざまな情報を発信しています。

海上保安庁 Instagram

海上保安庁公式インタグラムでは、普段あまり目にすることのない海上保安庁の業務などを中心に知られざる海上保安庁の魅力を発信しています。

かいほジャーナル

かいほジャーナルは海上保安庁の広報誌で、全国各地の海上保安部署等の業務や特色を分かりやすく紹介しています。

令和4年度は、
● 海上保安試験研究センター
● 海上保安大学校 初任科
● 第九管区海上保安本部
　七尾海上保安部 能登海上保安署
● 無操縦者航空機／装備技術部
　の特集記事を掲載しています。

全国の海上保安部署にご用意していますので、是非ご覧ください。（数に限りがあります。）

89号

90号

91号

92号

海上保安庁の任務・体制

海上保安庁音楽隊　3年ぶりの演奏会尽くし！

令和4年10月27日（木）、海上保安庁音楽隊は、「第28回定期演奏会」（東京芸術劇場（東京都豊島区））を開催しました。令和元年度以降、有観客での開催は実に3年ぶりとなる定期演奏会ではありましたが、新型コロナウイルス感染症拡大防止の観点から、音楽隊初となる電子チケットの導入や観客を制限しての開催など工夫を凝らすとともに、会場に来場できない方のためにYouTubeでのライブ配信を同時に行い、大成功に終わりました。

今年は新型コロナウイルスの影響により中止されていたイベントも徐々に再開され、「海保フェア」（海上保安試験研究センター（東京都立川市））、「都市緑化キャンペーン」（日比谷公園（東京都千代田区））のほか、派遣演奏となる「鍋島灯台150周年・坂出市市制施行80周年記念コンサート in Sakaide」（香川県坂出市）及び「来島海峡海上交通センター 一般公開」（愛媛県今治市）と、いずれも「3年ぶり」の演奏となり、海上保安庁音楽隊が活躍する場が増えてきたことを実感できる1年となりました。

これからも国民の皆様に楽しんでいただけるような演奏や動画配信を行っていきますので、ご声援のほどよろしくお願いいたします！

定期演奏会

海保フェア

都市緑化キャンペーン

鍋島灯台150周年・坂出市市制施行180周年記念コンサート in Sakaide

1 治安の確保

四方を海に囲まれた我が国にとって、「海」は海上輸送の交通路であり、水産資源等を生み漁業等の活動の場となっているだけでなく、海を仕事場としない国民にとっても、マリンレジャーを楽しむ憩いの場として、昔から親しまれてきました。

一方、我が国にとって「海」は国境でもあり、治安を脅かすテロや密輸・密航、漁業秩序を乱そうとする密漁等、さまざまな犯罪行為が行われるおそれのある場にもなります。

海上保安庁では、海上で行われるこうしたさまざまな犯罪行為の未然防止や取締りに努め、安全で安心な日本の海の実現を目指します。

CHAPTER I 海上犯罪の現況

CHAPTER II 国内密漁対策

CHAPTER III 外国漁船による違法操業等への対策

CHAPTER IV 密輸・密航対策

CHAPTER V テロ対策

CHAPTER VI 不審船・工作船対策

CHAPTER VII 海賊対策

治安の確保

CHAPTER I 海上犯罪の現況

令和4年の現況

令和4年の海上犯罪の送致件数は、7,323件であり、平成30年以降、減少が続いていた送致件数が5年ぶりに増加（前年比875件増）しました。送致件数を法令別に見ると、**海事関係法令違反**が2,736件と最も多く全体の37.4%を占め、次いで**漁業関係法令**違反が2,563件（35.0%）、刑法犯が774件（10.6%）、**海上環境関係法令**違反が618件（8.4%）となっています。

海事関係法令違反では、検査を受けていない船舶を航行させる無検査航行や定員超過等の船舶安全法関係法令違反が1,100件（40.2%）と最も多く、**漁業関係法令**違反では、漁業権侵害や水産動植物の違法採捕所持販売、無許可操業等のいわゆる国内密漁事犯が2,548

件（99.4%）、刑法犯では、衝突や乗揚げ等の船舶の往来の危険を生じさせる等の罪（業務上過失往来危険等）が521件（67.3%）、乗船者を負傷させる等の過失傷害等の罪が93件（12.0%）、**海上環境関係法令**違反では、船舶からの油や有害液体物質の排出等を禁止する海洋汚染等及び海上災害の防止に関する法律違反が328件（53.1%）とそれぞれ多く発生しています。

このほか、薬物や銃器の不法輸入（いわゆる密輸）や刃物の不法携帯等を規制する**薬物・銃器関係法令**違反を92件、不法出入国（いわゆる密航）や不法就労等を規制する**出入国関係法令**違反を18件送致しています。

◆ 海上犯罪送致件数の推移

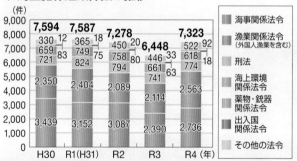

◆ 海上犯罪送致件数

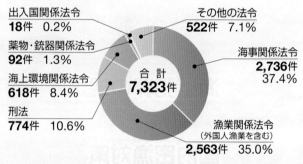

◆ 海事関係法令違反の送致件数の推移

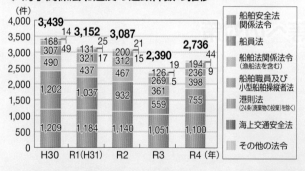

◆ 刑法犯の送致件数の推移

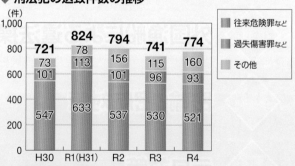

連続窃盗犯を逮捕！

令和4年1月以降、大阪府及び兵庫県内の岸壁に係留する船舶内にて、相次いで窃盗事案・窃盗未遂事案が発生しました。第五管区海上保安本部及び近隣の海上保安部署が合同で捜査を行い、防犯カメラ映像の確認や被害船舶内での鑑識作業等により、男1名を窃盗未遂及び艦船侵入の容疑で通常逮捕しました。

その後の捜査の結果、他の複数の船舶に対する余罪（窃盗及び艦船侵入）により、再逮捕しています。

CHAPTER II 国内密漁対策

　我が国周辺海域の豊かな水産資源は決して無尽蔵ではなく、生態系のバランスを保ち水産資源を枯渇させないために漁獲量や操業方法・区域・期間に制限をかけるなどのルールが設定されています。しかしながら、ルールに従わない一部の漁業者による違法な操業や、資金確保を目論む暴力団等による水産資源の乱獲が後を絶ちません。

　海上保安庁では、密漁被害を受ける地元漁業者等からの取締り要請にも適切に対応するため、関係機関や地元自治体と連携・協力し、それぞれの地域の特性に応じた取締りを行い、漁業秩序の維持を図っています。

令和4年の現況

　令和4年の国内密漁事犯の送致件数は2,548件で、前年に比べ450件増加しており、その中でも、「しらすうなぎ」や「なまこ」などを違法に採捕所持販売する事案が前年に比べ201件増加しております。

　密漁は、実行部隊と買受業者が手を組んだ組織的な形態で行われるもののほか、暴力団等による組織的かつ大規模に行われる事例も見受けられ、その手口は悪質かつ巧妙です。

　また、漁業者ではない海水浴客などが個人消費を目的として密漁する事例も多く見受けられます。

◆ 漁業関係法令違反の送致件数の推移

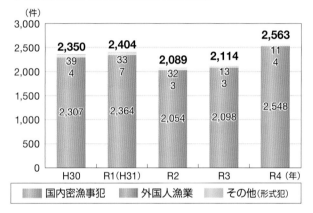

今後の取組

　海上保安庁では、監視能力の更なる向上や採証資機材等の充実を図り、悪質・巧妙化する密漁事犯の厳格な監視・取締りを実施するとともに、引き続き、関係機関や漁業関係団体等との緊密な連携を図ることで、地域の特性に応じた未然防止策等の総合的な密漁対策を推進し、漁業秩序の維持に努めていきます。

海の白いダイヤと黒いダイヤ

しらすうなぎの集団密漁者逮捕

令和4年4月、玉野海上保安部は岡山県との合同取締りにおいて「しらすうなぎ」の密漁者5名を発見し、海上保安官等が現場に急行しました。密漁者は分散して逃走しましたが、追跡の結果、現場付近にて1名を確保し、岡山県海面漁業調整規則違反（全長等の制限）で通常逮捕しました。

その後の捜査により、逃走した他の4名を特定し、同様の容疑で通常逮捕しました。採捕された「しらすうなぎ」は124匹に及んでいます。

『白いダイヤ』しらすうなぎ

「しらすうなぎ」とは、うなぎの稚魚のことで、希少性が高く、高値で取引されていることから、「白いダイヤ」と呼ばれることもあり、令和5年12月からは、あわびやなまこと同様に、罰則等がより重い特定水産動植物の扱いとなります。

計測方法は？

バケツの中を動き回っている「しらすうなぎ」の全長と数を特定するため、岡山県水産課職員の協力を得て、麻酔を使用してしらすうなぎを仮死状態にした後、一匹一匹をまな板の上に並べて計測しました。

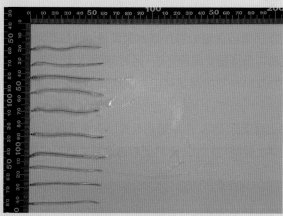

仮死状態にして計測している「しらすうなぎ」

押収した証拠物

押収した「なまこ」

なまこの組織的密漁者を逮捕

令和4年3月、室蘭海上保安部は近隣警察署と共同捜査により、「なまこ」約351kgを不法に採捕したとして密漁者10名を現行犯逮捕しました。その後の捜査により、密漁を主導した2名、さらに、採捕した「なまこ」を取引した事実から水産加工会社代表者についても逮捕するに至り、総勢13名という密漁グループの検挙となりました。室蘭海上保安部においては、令和2年から3年連続で、なまこ密漁グループを検挙しています。

「黒いダイヤ」なまこ

乾燥させた「なまこ」は未だ活発に海外輸出され、高額かつ大量に取引されていることから、「黒いダイヤ」と呼ばれることもあり、「なまこ」の密漁が暴力団の資金源になっていることも明らかになっています。

我が国の**領海**や**排他的経済水域（EEZ）**では、将来にわたる水産資源の安定的な供給を維持するため、外国漁船による操業が法令によって規制されているほか、**EEZ**では周辺諸国等との間に各種漁業協定が結ばれ、これに基づくルールが定められています。しかし、ルールに従わない悪質な外国漁船による違法操業により、我が国の貴重な水産資源が乱獲される事案が後を絶ちません。

海上保安庁では、我が国の**領海**や**EEZ**の漁業秩序を維持すべく、厳格な監視・取締りを行うとともに、関係省庁とも連携し、外国漁船による違法操業の根絶に努めています。

令和4年の現況及び今後の取組

令和4年においては、違法操業を行う外国漁船の検挙はありませんでしたが、海上保安庁では、引き続き、地元漁業関係者等からの取締り要請にも適切に対応するため、関係機関との連携強化を図るとともに、必要な要員や巡視船艇・航空機の増強、資機材の整備を進め、情報収集・分析活動に基づく的確な監視・取締りを実施していきます。

◆ 外国漁船への適用法令

海域	法律名	規制内容
領海及び内水	外国人漁業の規制に関する法律	原則として漁業等は禁止
排他的経済水域（EEZ）	排他的経済水域における漁業等に関する主権的権利の行使等に関する法律（EEZ漁業法）	原則として漁業等を行うには我が国の許可が必要

◆ 日本周辺海域における漁業関係法令違反状況

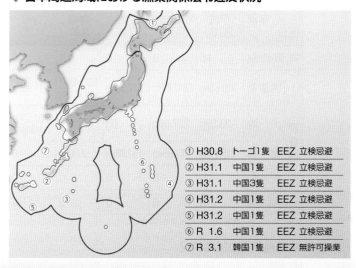

① H30.8	トーゴ1隻	EEZ 立検忌避
② H31.1	中国1隻	EEZ 立検忌避
③ H31.1	中国3隻	EEZ 立検忌避
④ H31.2	中国1隻	EEZ 立検忌避
⑤ H31.2	中国1隻	EEZ 立検忌避
⑥ R 1.6	中国1隻	EEZ 立検忌避
⑦ R 3.1	韓国1隻	EEZ 無許可操業

◆ 外国漁船の国・地域別検挙隻数の推移

		平成30年	平成31年/令和元年	令和2年	令和3年	令和4年	合計
韓国	領海	0	0	0	0	0	0
	排他的経済水域	0	0	0	1	0	1
	合計	0	0	0	1	0	1
中国	領海	0	0	0	0	0	0
	排他的経済水域	0	7	0	0	0	7
	合計	0	7	0	0	0	7
ロシア	領海	0	0	0	0	0	0
	排他的経済水域	0	0	0	0	0	0
	合計	0	0	0	0	0	0
台湾	領海	0	0	0	0	0	0
	排他的経済水域	0	0	0	0	0	0
	合計	0	0	0	0	0	0
その他	領海	0	0	0	0	0	0
	排他的経済水域	1	0	0	0	0	1
	合計	1	0	0	0	0	1
合計	領海	0	0	0	0	0	0
	排他的経済水域	1	7	0	1	0	9
	合計	1	7	0	1	0	9

1 治安の確保

密輸・密航対策

海上からの密輸については、一度に大量の薬物を密輸する事犯が相次いで発生しており、その手口は、小型船舶を利用した瀬取り（洋上における積荷の受渡し）、海上コンテナ貨物への隠匿等によるもので、大口化・巧妙化の傾向が続いています。また、船舶利用による密航については、かつて多発した密航船による集団密航ではなく、貨物船等からの不法上陸という態様であり、その手口は小口化の傾向が続いています。特に密輸事犯は、暴力団等や外国人の組織的な関与が見受けられることから、国際的な組織犯罪が行われているものと考えられます。

海上保安庁では、関係機関と連携し、我が国の治安及び法秩序を乱す密輸・密航事犯を厳格に取り締まり、密輸・密航の水際阻止を図っています。

令和4年の現況

① 密輸事犯について

令和4年の薬物事犯の摘発件数は6件でした。押収量は覚醒剤約12kg（末端密売価格約7億円相当）、大麻約300kg（末端密売価格約18億円相当）であり、当庁として過去最大量の大麻の密輸入を水際で阻止しました。

近年、海上からの密輸事犯は、小型船舶を利用した瀬取りや海上コンテナ貨物への隠匿といった手法により、一度に大量の薬物等を密輸する事犯が発生しており、密輸手口は大口化・巧妙化の傾向が続いています。

また、大麻乱用の拡大が顕著である昨今の情勢において、海外からの大麻供給を遮断する観点からも、水際で阻止することは非常に重要です。

引き続き、監視体制の強化や国内外の関係機関と連携し、不正薬物の水際阻止を強力に推進します。

◆ 最近の主な薬物・銃器事犯摘発状況

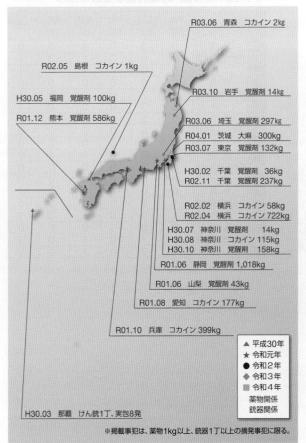

R03.06　青森　コカイン　2kg
R02.05　島根　コカイン　1kg
H30.05　福岡　覚醒剤　100kg
R01.12　熊本　覚醒剤　586kg
R03.10　岩手　覚醒剤　14kg
R03.06　埼玉　覚醒剤　297kg
R04.01　茨城　大麻　300kg
R03.07　東京　覚醒剤　132kg
H30.02　千葉　覚醒剤　36kg
R02.11　千葉　覚醒剤　237kg
R02.02　横浜　コカイン　58kg
R02.04　横浜　コカイン　722kg
H30.07　神奈川　覚醒剤　14kg
H30.08　神奈川　コカイン　115kg
H30.10　神奈川　覚醒剤　158kg
R01.06　静岡　覚醒剤　1,018kg
R01.06　山梨　覚醒剤　43kg
R01.08　愛知　コカイン　177kg
R01.10　兵庫　コカイン　399kg
H30.03　那覇　けん銃1丁、実包8発

▲ 平成30年
★ 令和元年
● 令和2年
◆ 令和3年
■ 令和4年

薬物関係
銃器関係

※掲載事犯は、薬物1kg以上、銃器1丁以上の摘発事犯に限る。

◆ 薬物事犯の摘発状況

区分 \ 年別	平成30年	平成31年/令和元年	令和2年	令和3年	令和4年
摘発件数	15	9	5	11	6
押収量　覚醒剤	310.63kg	1,647.67kg	237.38kg	626.49kg（1件鑑定中）	11.96kg
押収量　大麻	23.59g	227.59g	0g	164.17g	300.56kg（1件鑑定中）
押収量　麻薬	115.21kg	577.65kg	781.76kg	2.00kg	0
押収量　あへん	0	0	0	0	0
押収量　指定薬物	0	0	0	0	0

※ 表の数値は、関係機関と合同で摘発したものを含む。

◆ 銃器事犯の摘発状況

区分 \ 年別	平成30年	平成31年/令和元年	令和2年	令和3年	令和4年
摘発件数	1	1	1	0	0
押収量　銃砲（丁）	1	0	0	0	0
押収量　拳銃（丁）	1	0	0	0	0
押収量　準空気銃等（丁）※模造拳銃を含む	0	0	0	0	0
押収量　実包（発）	8	1	38	0	0

※ 表の数値は、関係機関と合同で摘発したものを含む。

❷ 密航事犯について

令和4年における密航事犯の摘発件数は1件であり、不法上陸者1名を摘発しました。また、犯罪インフラ*事犯の摘発件数は1件であり、入管法違反者（不法就労助長）、労働者派遣法違反者の計2名を摘発しました。

近年の船舶利用による密航は、貨物船等からの不法上陸といった小口化の傾向が続いているほか、新型コロナウイルス感染症の水際対策により上陸許可を受けていない乗組員が短時間上陸する等、摘発には至らない軽微な違反が多数発生しています。

令和4年10月から水際措置が緩和され、従来の国際的な人流が戻りつつあるほか、国際クルーズの受入も再開されています。

海上保安庁では、外国から入港する船舶に対する立入検査のみならず、港湾の監視・警戒、国内外関係機関との連携及び情報収集活動を行うことにより、不法上陸の防止を図るとともに、犯罪インフラ事犯の取締りに重点を置いています。

＊ 犯罪インフラとは、犯罪を助長し、又は容易にする基盤のこと。外国人に係る犯罪インフラ事犯には、不法就労助長、旅券・在留カード等偽造、偽造在留カード所持等が挙げられる。

◆ 船舶利用の密航事犯の摘発状況

区分 \ 年別	平成30年	平成31年/令和元年	令和2年	令和3年	令和4年
摘 発 件 数（件）	2	4	0	5	1
罪 種 別（人）	4	7	0	8	1
不法入国・上陸者	2	5	0	8	1
不法入国・上陸手引者	0	2	0	0	0
不 法 出 国 者（企図者を含む）	1	0	0	0	0
不法出国手引者	1	0	0	0	0

※ 表の数値は、関係機関と合同で摘発したものを含む。

◆ 船舶利用の密航者国籍別の摘発状況

国籍 \ 年別	平成30年	平成31年/令和元年	令和2年	令和3年	令和4年
中　国（人）	2	3	0	1	0
韓　国（人）	0	0	0	0	0
ベトナム（人）	0	2	0	5	1
ロシア（人）	0	0	0	2	0
日　本（人）	0	0	0	0	0
合　計（人）	3	5	0	8	1

※ 表の数値は、関係機関と合同で摘発したものを含む。

今後の取組

海上保安庁では、引き続き、**国際組織犯罪対策基地**を中心に国内外の関係機関との連携を強化しつつ、海事・漁業関係者や地元住民からの情報収集を行うとともに、その分析活動に努め、密輸・密航が行われる可能性が高い海域において、巡視船艇・航空機による重点的な監視・警戒を実施し、密輸・密航の蓋然性が高い地域から来航する船舶に対しても、重点的な立入検査や密輸・密航防止に係る啓発活動を実施し、密輸・密航事犯の水際阻止に努めていきます。

カナダ来大麻密輸入事件〜過去最大量の大麻約300kgを押収〜

令和4年1月、第三管区海上保安本部及び**国際組織犯罪対策基地**は、関係機関と合同で、カナダから来た海上貨物の燃料用木質ペレットに隠匿された大麻約300kg（末端密売価格約18億円相当）の密輸入事件を摘発し、令和5年1月、日本人2名を国際的な協力の下に規制薬物に係る不正行為を助長する行為等の防止を図るための麻薬及び向精神薬取締法等の特例等に関する法律違反（規制薬物としての所持）で逮捕しました。その後、大麻取締法違反（営利目的輸入）で再逮捕しました。当庁が摘発した大麻密輸入事件では、過去最大の押収量となります。

押収した大麻

CHAPTER V テロ対策

　世界各地において、イスラム過激派やその思想に影響を受けたとみられる者等によるテロ事件が多発しており、また、ISIL等のテロ組織が日本を含む各国をテロの標的として名指し、アジア諸国においてもISIL等によるテロが相次ぐなど、現下のテロ情勢は依然として非常に厳しい状況です。さらに、ドローンを使用したテロ等、新たなテロの脅威への対策も重要な課題となっています。

　海上保安庁では、巡視船艇・航空機による監視警戒、関連情報の収集、関係機関との緊密な連携による水際等でのテロ対策に加え、海事関係者や事業者等に対して自主警備の強化を働きかけるとともに、不審事象の情報提供を依頼するなど、官民一体となったテロ対策を推進し、より一層テロの未然防止に万全を期していきます。

令和4年の現況

　海上保安庁では、巡視船艇・航空機による原子力発電所や石油コンビナート等の重要インフラ施設警戒のほか、旅客ターミナル・フェリー等のいわゆるソフトターゲットにも重点を置いた警戒を実施しています。

　このほか、国際テロ等を未然に防止するために、人及び物の流れの拠点である港湾においてテロ対策をはじめとする保安対策の一層の強化を図っており、令和4年においても、引き続き新型コロナウイルス感染症の感染予防措置を十分にとったうえで、「**国際航海船舶及び国際港湾施設の保安の確保等に関する法律**」に基づき、外国からの入港船舶760隻に対して立入検査を行いましたが、テロとの関連が疑われる船舶は認められませんでした。国際港湾においては、港湾危機管理官を中心に、警察、入管、税関、港湾管理者等の関係機関や港湾関係者と緊密に連携しながら、不審事案発生時に備えた合同訓練や港湾保安設備の合同点検等、間隙のない水際対策に取り組んでいます。

原子力発電所付近の警戒

立入検査の状況

関係機関との合同訓練

港湾保安設備の合同点検

① 新たな脅威への対応

近年、世界各国でドローンを用いたテロ事案等が発生しており、我が国においてもそのような新たなテロの脅威に対し、「重要施設の周辺地域上空における小型無人機等の飛行の禁止に関する法律」等を適切に運用して未然防止を図っているところです。海上保安庁においては、関係機関と連携して不審なドローンの飛行に関する情報を把握するとともに、ドローン対策資機材を活用するなど、複合的な対策を講じています。

② G7広島サミット及び関係閣僚会合に向けて

G7広島サミット及び関係閣僚会合の開催を見据え、令和4年5月以降本庁、G7広島サミット開催地の周辺海域を管轄する第六管区海上保安本部、関係閣僚会合開催地の周辺海域を管轄する各管区海上保安本部に海上警備準備本部等を設置し、平素からの取組を強化するとともに、装備・資機材の増強整備や関係機関との連携訓練、海事・港湾事業者等へのリーフレットを活用した自主警備強化に係る呼びかけ等所要の準備を積み重ねています。

特に、世界中から要人が集まるG7広島サミットの会場は三方が海に面していることから、海上における警備が極めて重要であるといえます。

令和5年3月には本庁の海上警備準備本部を海上警備・警護対策本部に改組する等、警備体制に万全を期しているほか、全国の臨海部における警戒対象施設についても、徹底したテロ対策を行っています。

G7広島サミットに向けた海上警備訓練

③ 官民一体となったテロ対策の推進

公共交通機関や大規模集客施設といった、いわゆるソフトターゲットはテロの標的となる傾向にあり、これらは日常の身近なところで発生する可能性があるため、この対策には国民の皆様の理解と協力が不可欠です。

このため、海上保安庁では、官民が連携したテロ対策の推進に力を入れており、臨海部のソフトターゲットである旅客ターミナルやフェリー等の海事・港湾事業者等とともにテロ対策を進めています。

具体例としては、平成29年度から、官学民が参画する「海上・臨海部テロ対策協議会」を開催し、官民一体となったテロ対策について議論・検討しています。令和4年度においては、G7広島サミット等に向け、海事・港湾事業者によるテロ対策の実効性向上を目的とした「海上・臨海部テロ対策ベストプラクティス集（平成30年策定）」の改訂や海事・港湾事業者等のテロ対策に関する意識の醸成等を目的とした「テロ対策啓発用リーフレット」を作成し、海事・港湾事業者へ配布しました。

海上・臨海部テロ対策協議会の状況

海上・臨海部テロ対策
ベストプラクティス集（一部）　　テロ対策啓発用リーフレット

今後の取組

海上保安庁においては、今後ともテロが現実の脅威であるとの認識の下、テロの未然防止やテロ発生時の対処にかかる体制を確実に整備していくとともに、関係機関や事業者等とより緊密に連携し、官民一体となってテロ対策に取り組んでいきます。

CHAPTER VI 不審船・工作船対策

　海上保安庁では、昭和23年の発足以来、これまで21隻の不審船・工作船を確認しています。これらの不審船・工作船は平成13年に発生した九州南西海域での工作船事件にみられるように、覚醒剤の運搬や工作員の不法出入国等の重大犯罪に関与している可能性が高く、我が国の治安を脅かすこれらの活動を未然に防止することは重要な課題です。

　海上保安庁では、巡視船艇・航空機により不審な船舶に対する監視警戒を行うとともに、各種訓練を通じ、発見時における適切な対処能力の向上に努めています。

令和4年の現況

　令和4年は、不審船・工作船の活動は確認していませんが、海上保安庁では、情報収集や巡視船艇・航空機による監視警戒により、不審船・工作船対策に引き続き万全を期しています。

　また、不審船・工作船への対応を主目的として整備された「2,000トン型巡視船（ヘリ甲板付高速高機能）」、「1,000トン型巡視船（高速高機能）」及び高速特殊警備船を中心に各種訓練を実施しました。

　このほか、関係機関や民間ボランティア等との情報交換を緊密に行うことにより、不審船・工作船に関する情報収集に努めています。

今後の取組

　海上保安庁では、引き続き各種訓練を通じて不審船対応能力の維持・向上に努めるとともに、関係機関等との連携を一層強化して、不審船・工作船の早期発見に努め、発見時には厳格に対処していきます。

海上自衛隊との不審船対処に係る共同訓練の取組状況

　不審船対処に係る共同訓練は、平成11年に策定した「不審船に係る共同対処マニュアル」に基づき、海上保安庁と海上自衛隊の共同対処能力の維持・向上を図ることを目的に実施しています。

　令和4年度は、海上保安庁及び海上自衛隊の船舶・航空機による不審船対処に係る情報共有訓練、不審船の共同追跡・監視訓練、停船措置訓練の共同訓練を第二・七・八管区海上保安本部において3回実施しました。

　海上自衛隊との不審船対処に係る共同訓練はこれまで25回実施しており、引き続き不審船対処に係る海上自衛隊との連携強化を図っていきます。

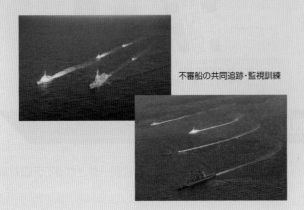

不審船の共同追跡・監視訓練

不審船の共同追跡・監視訓練

訓練視察時の
第八管区海上保安本部長と
舞鶴地方総監

CHAPTER VII 海賊対策

全世界の**海賊**及び船舶に対する海上武装強盗（以下「**海賊**等」）事案は、世界各国の政府機関や海事関係者の懸命な取組により近年減少傾向にあるものの、依然として脅威は存続しています。

主要な貿易のほとんどを海上輸送に依存する我が国にとって、航行船舶の安全を確保することは、社会経済や国民生活の安定にとって必要不可欠であり、極めて重要な課題です。

海上保安庁では、東南アジア海域等へ巡視船を派遣し、**海賊**対策のためのしょう戒や沿岸国海上保安機関に対する法執行能力向上支援等を行うとともに、**海賊**対処のため、ソマリア沖・アデン湾に派遣されている海上自衛隊の護衛艦へ海上保安官を同乗させるなど、**海賊**対策を実施しています。

令和4年の現況

◆ 海賊等の発生状況

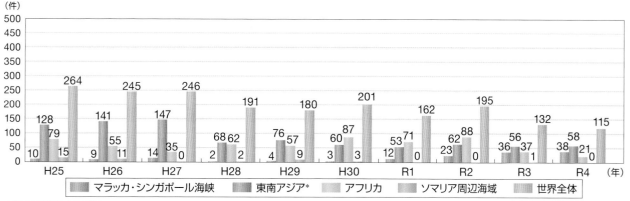

＊ベトナム及び南シナ海を除く

出典：国際海事局（IMB）年次報告書

凡例：マラッカ・シンガポール海峡　東南アジア＊　アフリカ　ソマリア周辺海域　世界全体

1 東南アジア海域の海賊等について

令和4年の東南アジア海域における**海賊**等発生件数は58件であり、前年より増加しました。また、**マラッカ・シンガポール海峡**における**海賊**等発生件数も増加している状況で、現金、乗組員の所持品、船舶予備品等の窃盗が多数を占めています。

これらの**海賊**対策のため、海上保安庁では、平成12年から東南アジア海域等に巡視船・航空機を派遣し、**公海**上でのしょう戒のほか、寄港国海上保安機関等との連携訓練や意見・情報交換を行うなど連携・協力関係の推進に取り組んでいます。新型コロナウイルス感染症の拡大下においても、令和4年5月及び令和5年2月には、巡視船をインドネシア周辺海域やベトナム等に派遣し、沿岸国海上保安機関と連携訓練を実施しました。

令和4年5月 インドネシア海運総局等及びフィリピン沿岸警備隊との連携訓練

令和5年2月 ベトナム海上警察との連携訓練

■本文中の**太字の語句**は、143ページからの「**語句説明**」に解説を掲載しています。

② ソマリア沖・アデン湾の海賊等について

ソマリア沖・アデン湾における**海賊**等発生件数は、国際海事局（IMB：International Maritime Bureau）の年次報告書によると、令和4年は0件であり、近年は比較的低い水準で推移しています。これは、アデン湾における自衛隊を含む各国部隊による**海賊**対処活動、船舶の自衛措置、民間武装警備員による乗船警備等、国際社会による**海賊**対策の成果の現れといえます。

しかしながら、ソマリア国内の不安定な治安や貧困といった**海賊**を生み出す根本的な要因が未だ解決していない状況にかんがみれば、**海賊**等の脅威は存続していると

いえます。海上保安庁では、**海賊**対処のために派遣された海上自衛隊の護衛艦に、海上保安官を同乗させ、**海賊**の逮捕、取調べ、証拠収集等の司法警察活動に備えつつ、自衛官とともに**海賊**行為の監視、情報収集等を行っており、平成21年に第1次隊を派遣して以降、令和5年3月末までに合計44隊352名を派遣しています。

令和4年11月には、ジブチ共和国に職員を派遣し**海賊**護送にかかる手続きを確認するなど更なる連携強化に取り組みました。

今後の取組

海上保安庁では、今後とも、**海賊**対処のために派遣される海上自衛隊の護衛艦に海上保安官を同乗させるほか、ソマリア沖・アデン湾や東南アジア海域等の沿岸国海上保安機関に対する法執行能力向上支援にも引き続き取り組み、関係国、関係機関と連携しながら、**海賊**対策を的確に実施していきます。

現場の声　ソマリア沖・アデン湾における海上保安官の活動

我々、第42次ソマリア周辺海域派遣捜査隊8名は、海上自衛隊護衛艦「はるさめ」に乗艦し、令和4年5月22日に長崎県佐世保市佐世保港を出港、同年12月4日に帰国し、201日間の派遣を完遂しました。派遣中は、洋上とはいえ外気温が40度になる環境下において、**海賊**の逮捕・護送等について海上自衛官と訓練を重ねながら、**海賊**事案の発生に備えました。ソマリア沖・アデン湾は、世界の物流にとって極めて重要な海域であり、航行船舶の安全を確保するこの任務は、日本だけではなく世界にとっても重要なものであると認識しています。ソマリア沖・アデン湾での**海**

第42次ソマリア周辺海域派遣捜査隊
隊長　船橋　一雄

賊事案は減少しており、当隊の派遣中に**海賊**事案は発生しませんでしたが、我々が海上自衛隊と任務を遂行すること自体が、**海賊**事案発生の抑止力になっているのだと実感することができました。このような重要な任務に就くことができたことを光栄に思います。

2 生命を救う

　海は、海上交通や漁業、マリンレジャーといったさまざまな活動の場として利用され、私たちにとって身近な存在ですが、時に衝突・転覆等の船舶事故やマリンレジャー中の海浜事故等の海難が発生する危険な場所でもあります。

　海上保安庁では、国民の皆様に海の危険性や**自己救命策**確保の必要性について周知・啓発活動を実施するとともに、いざ海難が発生した場合には、強い使命感の下、迅速な救助・救急活動を行い、尊い人命を救うことに全力を尽くしています。

CHAPTER I 海難救助の現況

CHAPTER II 救助・救急への取組

CHAPTER I 海難救助の現況

令和4年の現況

❶ 救助状況

(1) 人の救助

①海浜事故

令和4年のマリンレジャー（遊泳中、釣り中等）に関する海浜事故の事故者は837人であり、このうち、自力救助を含め620人が救助されました。

一方、マリンレジャー以外の海浜事故（散歩中の海中転落、自殺等）の事故者は870人であり、自殺を除いた423人のうち、自力救助を含め181人が救助されました。

②船舶乗船中の事故

令和4年の船舶事故（船舶の衝突、乗揚、転覆等）に伴う乗船中の事故（負傷、海中転落等）者は508人であり、自力救助を含め442人が救助されました。

一方、船舶事故以外の乗船中の事故（負傷、海中転落、病気等）者は779人であり、自殺を除いた758人のうち、自力救助を含め605人が救助されました。

(2) 船体の救助

令和4年の船舶事故隻数は1,882隻であり、自力入港を含め1,690隻が救助されました。

❷ 巡視船艇・航空機の出動状況

海上保安庁では、巡視船艇延べ3,892隻、航空機延べ978機を出動させるなどして救助活動を行いました。

❸ 「118番」による通報（第一報）の状況

令和4年に海上保安庁が認知した人身事故2,486人、船舶事故1,882隻のうち、緊急通報用電話番号「**118番**」による通報（第一報）を受けた件数は1,879件であり、このうち1,381件が携帯電話からの通報でした。

Column 02

第九管区海上保安本部総務部総務課

アルビレックス新潟とのコラボイベント開催 !!

令和4年7月23日、第九管区海上保安本部、新潟海上保安部及び新潟航空基地では、新潟県に本拠地を置くサッカーチーム『アルビレックス新潟』とのコラボイベントをホームゲーム会場にて、実施しました！

13,000人に迫る大観衆の中、ブースでの啓発活動のほか、『**機動救難士**の降下訓練』、『大型スクリーンで海難防止啓発動画の放映』、『チアリーダーとうみまる・うーみん

との記念撮影』を行いました。

また、イベントの締めくくりとして、ハーフタイム中に当庁職員とその家族約40名が、『海難事故0（ゼロ）への願い』『海のもしもは**118番**』、『海上保安官募集』の横断幕を掲げトラックを一周し、海難防止思想の普及や、海上保安庁の認知度向上を図りました！！

機動救難士の降下訓練　大型スクリーンで海難防止啓発動画の放映

海難事故0（ゼロ）、118番、海上保安官募集のアピール

03 Column ガリガリ君とコラボ ～埼玉県民の遊泳中の事故を減らしたい～

第三管区海上保安本部は、沿岸部に位置する、茨城県、千葉県、東京都、神奈川県及び静岡県のほか、埼玉、栃木県、群馬県及び山梨県といった都心に近い内陸県も管轄しており、埼玉県は、全国の「海なし県」のうち遊泳中の事故者数が、ワースト1位となっておりました。(2022年5月現在)

そこで、なんとか埼玉県民の遊泳中の事故を減らしたいという熱い思いから、全国的にも知名度抜群の埼玉県所在のアイスメーカー「赤城乳業(株)ガリガリ君」に対して、当たって砕けろ精神で企画書を持ち込み、猛アタックの末、ガリガリ君とのコラボステッカーを作成することとなりました。

作成にあたり、コラボいくつかの原案を考えていたところ、あまりの可愛さに自画自賛しつつも、ひとつに絞り込むことができず厚かましいお願いを重ねた末、最終的に2種類の図案でステッカーを作成し、埼玉県内をはじめ、管内全域において遊泳中の事故防止を呼びかけました。

コラボを記念し、8月に静岡市で実施した巡視船等一般公開イベントにガリガリ君が遊びに来てくれました。また、同イベント及び横浜市で実施したイベントでは、赤城乳業(株)様から来場者に対して合計1,500本のガリガリ君アイスが振舞われ、熱中症対策にもなり、大変喜ばれました。

こういった活動を通じて、管内における「夏季の遊泳中の事故」と「埼玉県民の事故」を減少させることができました。

今後は、埼玉県民のみならず、群馬県、栃木県及び山梨県にも力を入れ、海難防止を呼び掛けていきます。

CHAPTER II 救助・救急への取組

海難救助の特殊性

海上で発生する事故への対応は、陸上の事故と比べ様々な違いがあります。

①救助勢力の現場到着までの時間

海上保安庁が管轄する海域は非常に広大であるとともに、現場に向かう巡視船艇・航空機の速力は気象・海象に大きく左右されるため、海難発生海域と巡視船艇・航空機の位置関係によっては現場到着に時間がかかることがあります。

②海上における捜索の困難性

広大な海において、遭難者や事故船舶を発見することは容易ではありません。海に住所はないため、事故にあった遭難者本人ですらも、今自分がどこにいるかを把握することは難しく、風や海潮流の影響により常にその位置は、移動し続けます。また、夜間はもちろんのこと、日中であっても日光の海面反射や遭難者の服装、船体の大きさによっては捜索者から視認しにくい場合があります。これらに加え、荒天時には、捜索の対象が波間に隠れるなど、捜索の困難度はさらに高くなります。

③海上における救助の困難性

船上の傷病者等を救助する場合は、巡視船又は航空機から常に揺れて流されている船舶に乗り移る際に危険が伴います。また、海面にいる遭難者を泳いで救助する必要がある場合は、遭難者がパニックに陥っていることもあります。転覆した船舶や沈没した船舶等に取り残された方を救助する場合は、**潜水士**等が障害物の多い船内を潜水して救助する必要があります。

④傷病者の重症化

海上では、傷病者はすぐに病院へ行くことができず、我慢ができなくなってから救助要請を行うことが多いため、陸上と比較すると通報の時点で重症となっている場合が多い傾向にあります。

⑤現場から搬送先までの時間

広大な海において、要救助者の搬送は、長距離・長時間の対応となる場合が多いです。加えて、巡視船艇による搬送では、波やうねりの影響により、常に動揺があり、航空機による搬送では、搭乗できる人数や搭載できる装備に制限があります。また、機内は狭く、騒音や振動、気圧の変化の影響を受けます。

以上の特殊性がある海上において一人でも多くの命を救うため、救助・救急体制の強化、民間救助組織等との連携・協力に努めるとともに、**自己救命策**の確保の周知・啓発等に取り組んでいます。

海上保安庁では、これらの取組等により、海難救助に万全を期してまいります。

海上保安庁の海難救助体制

1 海難情報の早期入手

海上保安庁では、海上における事件・事故の緊急通報用電話番号「118番」を運用するとともに、携帯電話からの「118番」通報の際に、音声とあわせてGPS機能を「ON」にした携帯電話からの位置情報を受信することができる「緊急通報位置情報通知システム」を導入しています。

また、聴覚や発話に障がいをもつ方を対象に、スマートフォンなどを使用した入力操作により海上保安庁への緊急時の通報が可能となる「NET118」というサービスを導入しています。

さらに海上保安庁では、世界中のどの海域からであっても衛星等を通じて救助を求めることができる「**海上における遭難及び安全に関する世界的な制度（GMDSS）**」に基づき、24時間体制で海難情報の受付を行っています。

今後も、これらのツールを有効に活用しながら、海難情報の早期入手と初動対応までの時間短縮に努めていきます。

◆ 海難発生から救助までの流れ（例）

救助要請

海難発生 SOS！
（海難発生時の通報例）
- 通報者の名前、船名 ● 場所はどこか
- どのような海難か ● 何人乗っているのか
- 乗組員、船舶の状況及び現在のとっている措置

118番
- 船舶電話 ● スマートフォン ● 携帯電話
- 一般加入電話 ● IP電話 ● NET118

※平成19年4月より携帯電話からの発信位置情報を自動的に入手

遭難警報
- 衛星EPIRB（衛星非常用位置指示無線標識装置：衛星イパーブ）
- DSC（デジタル選択呼出し）
- INMARSAT（インマルサット遭難通信システム）

本庁運用司令センター

最寄の海上保安部署、
巡視船艇、航空機に出動指示

管区海上保安本部運用司令センター

運用司令センターからの情報を分析

巡視船艇・航空機による捜索

救助完了

---

② 海上保安庁の救助・救急体制

海難救助には、海上という特殊な環境の中で、常に冷静な判断力と『絶対に助ける』という熱い思いが必要とされます。

海上保安庁では、巡視船艇・航空機を全国に配備するとともに、救助・救急体制の充実のため、**潜水士**や**機動救難士**、**特殊救難隊**といった海難救助のプロフェッショナルを配置しており、実際に海難が発生した場合には、昼夜を問わず、現場第一線へ早期に救助勢力を投入し、迅速な救助活動にあたります。

潜水士（Rescure Divers）

転覆した船舶や沈没した船舶等に取り残された方の救出や、海上で行方不明となった方の潜水捜索などを任務としています。**潜水士**は、全国の海上保安官の中から選抜され、厳しい潜水研修を受けた後、全国22隻の潜水指定を受けた巡視船艇で業務にあたっています。

機動救難士（Mobile Rescue Technicians）

船上の傷病者や、海上で漂流する遭難者等をヘリコプターとの連携により迅速に救助することを主な任務としています。**機動救難士**は、ヘリコプターからの高度な降下技術を有するほか、隊員の約半数が**救急救命士**の資格を有しており、全国10箇所の航空基地等に配置されています。

特殊救難隊（Special Rescue Team）

火災を起こした危険物積載船に取り残された方の救助や、荒天下で座礁船に取り残された方の救助等、高度な知識・技術を必要とする特殊海難に対応する海難救助のスペシャリストです。**特殊救難隊**は38名で構成され、海難救助の最後の砦として、航空機等を使用して全国各地の特殊海難に対応します。（昭和50年10月の発足からの累計出動件数：5,753件（令和5年3月末時点））

◆ 海上保安庁の救助・救急体制

海難救助のプロフェッショナル	潜水作業	降下・吊上げ救助	救急救命	火災・危険物・CBRNE[*1]

潜水士 全国の潜水指定船 計121人	潜水技術を必要とする海難における人命・財産の救助等		
	潜水・40m	「ホイスト降下」等 (ウインチを使って降下)	救急員を配置

機動救難士 10基地×9人 計90人	ヘリコプターと連携した吊上げ救助等迅速な人命救助		
	潜水・8m[*2]	「リペリング降下」等 (ロープを使って自力で降下)	救急救命士・救急員を配置

特殊救難隊 羽田特殊救難基地 特殊救難統括隊長2人 1隊6人×6隊 計38人	高度な知識・技術を必要とする特殊海難における人命・財産の救助		
	潜水・60m[*3]	「リペリング降下」等 (ロープを使って自力で降下)	救急救命士・救急員を配置

*1：CBRNE：Chemical(化学) Biological(生物) Radiological (放射性物質) Nuclear(核) Explosive(爆発物)に起因する事故・災害
*2：航空機の搭乗を考慮して、一定の制限を設けている。
*3：混合ガス潜水資器材を使用した場合に限り、深度60mまで潜水可能。

---

04 Column / 教官！船が乗り揚がっています！

世間がゴールデンウィーク中の令和4年5月1日正午すぎ、海上保安大学校当直学生から当直教官に対し慌てた声で報告がありました。

「教官！大学校の前で船が乗り揚がっています！」

海上保安大学校三ツ石寮前面海域には、通称「鵜の糞」と呼ばれる浅瀬が大麗女島から北東方向に伸びており、教官が大学校の前面海域を確認すると、ヨットがその浅瀬に乗り揚がり、大きく傾いていました。

ヨットは時間とともに傾きが増し、もはや一刻の猶予もなかったことから、呉海上保安部からの出動要請を受けた教官が学生4名を引き連れて、大学校の実習で使用する機動艇を直ちに出港させ、乗員の救助へと向かいました。

ヨットの周囲には浅瀬が点在しており、機動艇も乗り揚がるおそれがあったため、教官は機動艇の操船に集中し手を離せないという状況でした。そのような中で、当直学生4名は、教官の指揮のもと、ヨットに取り残された8名のうち、ヨット保船者3名を残し5名を機動艇に移乗させ、無事に救助を完了しました。その後も、当直学生等は、ヨットが満潮をむかえて自力で離礁するまでの間、ヨットを警戒監視し続けました。今回の事案は、事故発生時の第一報、機動艇の出港準備、ヨット乗組員を救助する際の介助及び声掛けなど、学生による自発的な行動が救助完遂に大きく貢献し、海上保安官に一歩、近づくことができた一件でした。

海上保安大学校では今後も、教育理念である「人格の陶冶とリーダーシップの涵養」、「高い教養と見識の修得」、「強靭な気力体力の錬成」を通じて、現場で即戦力として活躍できる幹部海上保安官を育成してまいります。

乗揚げの状況

救助中の様子

救助完了の様子

05 Column

第十管区海上保安本部総務部総務課、奄美海上保安部、古仁屋海上保安署、鹿児島航空基地、那覇航空基地

奄美大島沖で座礁！危機迫る！悪条件下での空から の救出劇！機動救難士が乗組員8名全員を救助！

令和4年10月25日午前3時15分ころ、起重機船「第八瑞穂丸」から第十管区海上保安本部運用司令センターに「奄美大島の枝手久島で乗り揚げ、浸水している。乗組員は無事である」旨の**118番**通報があり、直ちに巡視船・航空機を現場に急行させました。

浸水により船体が約15度傾斜した甲板上に3mの大波が押し寄せ、沈没の危険が予測される状況の中、那覇航空基地所属の回転翼機、**機動救難士**及び奄美海上保安部所属巡視船が連携し、海難に対応しました。

風速毎秒12m、うねり3mを超える悪天候に加え、そばには**機動救難士**の進入を阻む高さ約21mの船体構造物がある極めて危険かつ困難な状況において、卓越した技術と息の合った連携で、乗組員8名全員の吊上げ救助を完遂しました。

これは、日々高い救助技術を身につけるべく積み重ねた厳しい訓練の成果です。

今後も一人でも多くの方を救助できるよう、引き続き訓練に取り組み、万が一の事故に備えます。

③ 捜索能力の向上

我が国の広大な海で一人でも多くの命を守るためには、海中転落者や海面を漂う船等がどの方向に流れていくかを予測することが重要となります。

海上保安庁では、測量船等による海潮流の観測データを駆使し、気象庁の協力も得て、**漂流予測**の精度向上に努めており、気象条件、漂流目標の種類等により、国際基準に基づいた捜索区域を自動で設定する「捜索区域設定支援プログラム」を当庁独自で開発し、当該プログラムを活用することで、より効率的かつ組織的な捜索活動に努めています。

④ 救急能力の向上

海上保安庁では、海難等により生じた傷病者に対し、容態に応じた適切な処置を行えるよう、専門の資格を有する**救急救命士**を配置するとともに、平成31年4月1日から、「**救急員**制度」を創設し、応急処置が実施できる**救急員**を配置するなど、救急能力の充実強化を図っています。また、全国各地の救急医療に精通した医師等により、**救急**

救命士及び**救急員**が行う救急救命処置等の質を医学的・管理的観点から保障し、**メディカルコントロール体制**を構築することで、さらなる対応能力の向上を図っています。

海上保安庁メディカルコントロール協議会総会

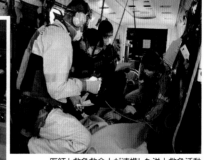

医師と救急救命士が連携した洋上救急活動

⑤ 関係機関及び民間救助組織との連携

我が国の広大な海で、多くの命を守るためには、日頃から自衛隊・警察・消防等の関係機関や民間救助組織と緊密に連携しておくことが重要です。特に、沿岸域で発生する海難に対しては、迅速で円滑な救助体制が確保できるように、公益社団法人日本水難救済会や公益財団法人日本ライフセービング協会等の民間救助組織との合同訓練等を通じ、連携・協力体制の充実に努めています。このほか、大型旅客船内で多数の負傷者や感染症患者が発生した場合を想定した訓練を、関係機関と合同で行っています。

関係機関等との合同訓練

救急員単独による応急処置について～救急勢力の拡充～

平成31年の「救急員制度」の創設以来、海上保安庁における**救急員**は、随伴する**救急救命士**がいることを前提に、「**救急救命士を補助**」する形でしか応急処置を行うことができませんでした。その後、限られた処置しか認められていなかった中でも着実に**救急員**の実績を積み重ねたことにより、令和3年8月、海上保安庁メディカルコントロール協議会において、海上保安庁の念願であった救急員「単独」による応急処置の実施が認められました。この認定は、海上保安庁の救急勢力を拡充する大きな一歩です。

これを踏まえ、現在、**救急救命士**が配置されていない巡視船艇（潜水指定船）への**救急員**配置を新たに進めており、令和5年3月までに、**機動救難士**等が配置されている各航空基地を含めて、83名の**救急員**を全国に配置しています。

救急員単独による応急処置の事例として、令和3年8月に新潟航空基地所属の**救急員（機動救難士）**により対応した事例があります。本件は、石川県能登半島約135キロメートル沖を航行中の漁船から、傷病者をヘリコプターにて吊上げ救助し、約40分の搬送の間、機内にて観察や酸素投与などの応急処置を実施し、医師へ引き継いだものです。当該事案対応にあたり、**救急員**は、研修や今までの現場における経験を活かし、適切な応急処置を実施しました。

上記事例のほかにも、令和5年3月末までに、全国で161症例の**救急員**単独による応急処置を実施しており、着実に実績を積み重ねております。

海上保安庁では、引き続き「仁愛」の精神を胸に、一人でも多くの命を繋いでいくために、歩みを止めることなく救急能力の向上に取り組んでいきます。

救急員による応急処置の状況

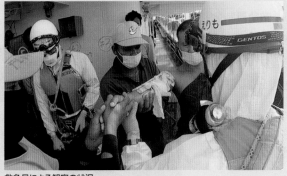

救急員による観察の状況

⑥ 他国間との救助協力体制

我が国遠方海域で海難が発生した場合には、迅速かつ効果的な捜索救助活動を展開するため、中国、韓国、ロシア、米国等周辺国の海難救助機関と連携・調整の上、協力して捜索・救助を行うとともに、「1979年の海上における捜索及び救助に関する国際条約（SAR条約）」に基づき、任意の相互救助システムである「**日本の船位通報制度（JASREP）**」を活用し、要救助船舶から最寄りの船舶に救助協力を要請するなど、効率的で効果的な海難救助に努めています（令和4年**JASREP**参加船舶2,132隻）。

また、海上保安庁は、我が国の主管官庁として、平成5年にコスパス・サーサットシステム※の運用に参加しており、衛星で中継された遭難警報を受信するための地上受信局をはじめとする設備を維持・管理しています。さらに、北西太平洋地域（日本、中国、香港、韓国、台湾及びベトナム）における幹事国として、他の国・地域に対する遭難警報のデータ配信や同システムの運用指導等を行うなど、国際的に重要な責務を果たしており、同システムの運用により、令和3年には北西太平洋地域で215人の人命救助に貢献しています。

※ 遭難船舶等から発信された遭難警報を衛星経由で陸上救助機関に伝えるためのシステムであり、現在、45の国・地域が参加する政府間機関「コスパス・サーサット」によって運用されている。

自己救命策の確保の推進～事故から命を守るために～

◆ 自己救命策3つの基本 プラス1

自己救命策の確保
～ 思わぬ事故から 命を守るために 必要なこと ～

自己救命策3つの基本

1 ライフジャケット 常時着用
保守・点検されたものを正しく着用してね。

2 携帯電話等 連絡手段の確保
防水パックに入れて落とさないようにね。

3 118番・NET118の活用
GPS機能を「ON」とした携帯電話で通報すると正確な位置の把握につながるよ。

プラス1

家族や友人・関係者に「目的地や帰宅時間」を伝え、現在位置等を定期的に連絡しましょう。

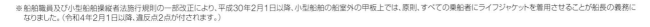

※船舶職員及び小型船舶操縦者法施行規則の一部改正により、平成30年2月1日以降、小型船舶の船室外の甲板上では、原則、すべての乗船者にライフジャケットを着用させることが船長の義務になりました。（令和4年2月1日以降、違反点2点が付されます。）

海での痛ましい事故を起こさないためには、「**自己救命策3つの基本**」が重要であるほか、「**家族や友人・関係者への目的地等の連絡**」も有効な**自己救命策**の一つです。

●自己救命策3つの基本

①ライフジャケットの常時着用

船舶からの海中転落者について、過去5年間のライフジャケット非着用者の死亡率は着用者の約4倍となっていることからも分かるように、海で活動する際にライフジャケットを着用しているか否かが生死を分ける要素となります。そのため、船舶乗船時に限らず、海で活動する際には、ライフジャ

ケットの常時着用についてお願いしています。なお、ライフジャケットは、海に落ちた際に脱げてしまったり、膨張式のライフジャケットが膨らまなかったりするといったことがないように、保守・点検のうえ、正しく着用することが大切です。

②防水パック入り携帯電話等の連絡手段の確保

海難に遭遇した際は、救助機関に早期に通報し救助を求める必要がありますが、携帯電話を海没させてしまい通報できない事例があるため、対策としてストラップ付防水パックを利用し、携帯電話を携行することが重要です。

③118番・NET118の活用

海上においては目標物が少なく自分の現在位置を伝えることは難しいことがあります。救助を求める際は、GPS機能を「ON」にした携帯電話で遭難者自身が**118番**に直接通報することにより、正確な位置が判明し、迅速な救助につながった事例があります。

●家族や友人・関係者への目的地等の連絡

海に行く際には、家族や友人・関係者に自身の目的地や帰宅時間を伝えておくほか、現在位置等を定期的に連絡することも、万が一事故が起きてしまった場合に、家族等周囲の人々が事故に早く気づくきっかけとなり、速やかな救助要請、ひいては迅速な救助につながります。

自己救命策の周知・啓発活動

海上保安庁では、海を利用する人が自らの命を守るためのこれら方策について、地元自治体、水産関係団体、教育機関等と連携・協力した講習会や、沿岸域の巡回時のみならず、メディア等さまざまな手段を通じて周知・啓発活動を行っています。

講習会の様子

---

06 Column / 例年コラボのファイターズガールが、大活躍で海難防止を願う！

多くの北海道民に親しまれる地元プロ野球チーム、北海道日本ハムファイターズの公式チアリーダー「ファイターズガール」と第一管区海上保安本部は連携して海難防止に取り組んでいます。

2022年シーズンは「きつねダンス」が大ブレイク！テレビ出演等で多忙な中、当庁企画の海難防止啓発ポスターのモデルとして、またトークショーへの出演などで海難防止を呼びかけていただきました。

今年は新たな試みとして、「ライフジャケットきた（着た）きつね？」をキャッチフレーズにした安全啓発動画を作成。人通りの多い、札幌駅前通地下歩行空間でのデジタルサイネージ放映、プロ野球試合会場での大型ディスプレイ放映のほか、SNS投稿などで安全が呼びかけられ、例年にも増して多岐に亘るコラボレーションが実現しました。

新球場への移転などで益々注目を浴びる「ファイターズガール」。

第一管区海上保安本部では、海難0（ゼロ）を目指し、引き続き彼女たちの強力な情報発信力を味方に、見た人の心に留まる安全啓発に取り組んでいきます。

ライフジャケットキタキツネ？

釣り中に海中転落した場合でもライフジャケットを着ていれば、生還率は**70%**です

北海道日本ハムファイターズ 公式チアリーダー ファイターズガール

JCG 海上保安庁 Water Safety Guide　　FIGHTERS GIRL

3 青い海を守る

海上保安庁では、私たちの共通の財産である海を美しく保つため、海洋汚染の状況調査、海上環境法令違反の取締りを行うとともに、「未来に残そう青い海」をスローガンに、海洋環境保全に関する指導・啓発等に取り組んでいます。

◇ CHAPTER I　海洋汚染の現況

◇ CHAPTER II　海洋環境保全対策

CHAPTER I 海洋汚染の現況

海洋汚染の現況

海上保安庁では、巡視船艇・航空機等による監視や緊急通報用電話番号「118番」への通報をもとにした調査・取締り、測量船による調査等から、海洋汚染の発生状況等の把握に努めています。令和4年に海上保安庁が確認した海洋汚染の件数は468件で、前年と比べ25件減少しました。

近年の海洋汚染の確認件数を種類別に見ると、油による海洋汚染の件数が最も多く、次いで廃棄物による海洋汚染の件数が多い傾向となっています。

油による海洋汚染の原因は、燃料油の給油の際の船舶燃料タンクの不計測又はバルブ開閉不確認を根本的な原因とする「あふれ出し」等、作業開始時に確認すれば防ぐことができるような初歩的な不注意によるものが多くなっています。

また、廃棄物による海洋汚染の原因は、一般市民による家庭ごみや漁業関係者による漁業活動で発生した残さなどの不法投棄によるものが多くなっています。

◆ 海洋汚染発生確認件数の推移

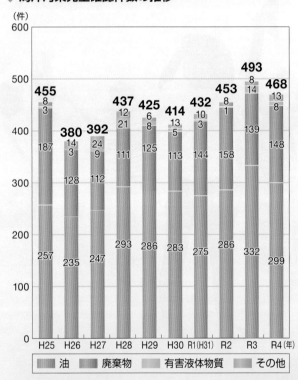

◆ 令和4年海洋汚染原因別にみた 油による海洋汚染確認件数（排出源が判明しているものに限る）

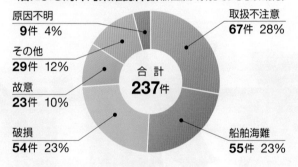

◆ 令和4年排出原因者別にみた 廃棄物による海洋汚染確認件数

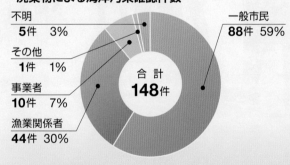

浮流油の状況

海洋環境保全対策

海上保安庁では、**海上環境関係法令**違反の監視・取締り、海洋環境の調査、海洋環境保全に関する指導・啓発活動等、海洋環境を保全するための総合的な取組を実施しています。

海洋環境保全対策の現況

 ### 海上環境関係法令違反の監視・取締り

海上保安庁では、海洋汚染につながる油の不法排出、廃棄物の不法投棄等の**海上環境関係法令**違反に対し、巡視船艇・航空機による海・空からの監視・取締りに加え、沿岸部では陸上からの監視・取締りを実施しています。

令和4年に海上保安庁が送致した**海上環境関係法令**違反は618件であり、前年と比較して43件減少しました。違反を種類別に見ると、船舶からの油の不法排出や、廃棄物、廃船の不法投棄が多くなっています。これらの違反は、適正な処理費用や設備整備への投資を惜しんでの行為であることが多く、その形態も、夜陰に紛れた不法排出や不法投棄、船名や船体番号を抹消した上での廃船の投棄等、悪質・巧妙なケースが見受けられます。

不法に投棄された廃船

外国船舶による海洋汚染への対応

外国船舶による海洋汚染については、**領海**のみならず、**EEZ**においても取締りを行っております。令和4年は8隻を検挙しました。なお、**国連海洋法条約**に基づき、船舶の航行の利益を考慮し、**担保金制度**を適用しました。

また、我が国の法令を適用できない**公海**等において外国船舶の油等の排出を確認した場合には、当該船舶の旗国に排出事実を通報し、適切な措置を求めています。

◆ **海上環境法令違反の送致件数の推移**

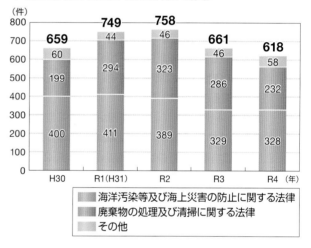

（件）

	H30	R1(H31)	R2	R3	R4（年）
その他	60	44	46	46	58
廃棄物の処理及び清掃に関する法律	199	294	323	286	232
海洋汚染等及び海上災害の防止に関する法律	400	411	389	329	328
合計	**659**	**749**	**758**	**661**	**618**

■ 海洋汚染等及び海上災害の防止に関する法律
■ 廃棄物の処理及び清掃に関する法律
■ その他

会社ぐるみで廃養殖用金網計3,900kg投棄

令和4年9月、唐津海上保安部は、佐賀県外津漁港内に、不要となった産業廃棄物である生け簀用金網約3,900kgを投棄したとして、水産会社の代表を含む3名を廃棄物の処理及び清掃に関する法律違反で検挙し、検察庁へ送致しました。

漁港内をパトロール中の海上保安官が枠だけが残された生け簀を発見し、当庁**潜水士**により現場海域を捜索したところ海底に投棄された金網を見つけるに至ったものです。

海中から揚収された金網の状況

潜水士が発見した金網

3 青い海を守る

❷ 海洋環境調査

海洋汚染の調査

海上保安庁では、海洋の汚染の防止及び海洋環境の保全並びに海上災害の防止のため、閉鎖性の高い港湾等において、海水や**海底堆積物**を採取し、油分、**PCB（ポリ塩化ビフェニル）**、重金属等の調査を継続的に行っています。

放射能調査

海洋環境モニタリングの一環として、核実験等による海洋環境への影響を把握するため、日本周辺海域において海水や**海底堆積物**を採取し、放射性核種の調査を継続的に行っています。

また、原子力規制庁が定める実施要領に基づき、原子力

海底堆積物の採取作業

海水の分析作業

艦が寄港する横須賀港（神奈川県）、佐世保港（長崎県）、金武中城港（沖縄県）において、周辺住民の安全・安心を確保するため、定期的に海水や**海底堆積物**を採取・分析するとともに、原子力艦の入港前、寄港時、出港後の放射能調査を行っています。

海洋情報部大洋調査課

07 Column

黒潮大蛇行が最長に

　海上保安庁では、日本周辺の海面水温や黒潮など主要海流の流路を監視・解析し、ホームページで公開しています。黒潮の流路は、人工衛星や船舶・漂流ブイなどの観測結果から知ることができます。

　黒潮は、本州の南岸に沿って南西から北東に流れる流路が典型的ですが、2017年8月以降、本州南岸で大きく遠回りして流れる大蛇行の状態が続いています。2022年4

月で大蛇行の継続期間が4年9か月となり、判定に十分な資料がある1965年以降で最長だった4年8か月（1975年8月〜1980年3月）を超え、最長記録となりました。

　2022年5月21日〜22日には、海上保安庁の測量船「昭洋」が東経137度線上で海流と海面水温の観測を行い、東経137度線上において、黒潮が北緯30度付近を流れていることを確認しました。2023年3月時点でも大蛇行が継続しています。

　黒潮は暖かく流れが速いため、その流路は、船舶の経済的な運航コースや、漁場の位置や魚種、沿岸の環境に影響を与えます。また、黒潮大蛇行時には、黒潮や黒潮から分かれた暖水の影響で、東海地方から関東地方にかけての沿岸で潮位が上昇しやすくなります。

　黒潮大蛇行期間の黒潮の流路の変化を動画でご覧いただけます。ぜひ、ご覧ください。

◆ 本州南岸の黒潮の流路

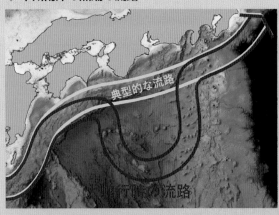
典型的な流路
大蛇行時の流路

海洋速報で見る
黒潮大蛇行 ▶

◆ 過去の黒潮大蛇行

※判定に十分な資料が存在する昭和40年（1965年）以降

開始月	終了月	継続期間
昭和50年8月（1975年）	昭和55年3月（1980年）	4年8か月
昭和56年11月（1981年）	昭和59年5月（1984年）	2年7か月
昭和61年12月（1986年）	昭和63年7月（1988年）	1年8か月
平成元年12月（1989年）	平成2年12月（1990年）	1年1か月
平成16年7月（2004年）	平成17年8月（2005年）	1年2か月
平成29年8月（2017年）	継続中	5年8か月（令和5年3月時点）

◆ 大蛇行中の黒潮の流れ（令和4年5月22日の海況）

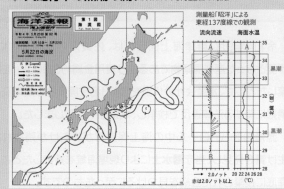

測量船「昭洋」による東経137度線での観測

---

③ 海洋環境保全に関する指導・啓発

海洋汚染を防止し、海洋環境を保全するためには、海事・漁業関係者、マリンレジャー等を行う方々のみならず、広く国民の皆様と一緒に海洋環境保全活動に取り組んでいくことが重要です。

海上保安庁では、毎年5月30日から6月30日までの期間を「海洋環境保全推進月間」とし、「未来に残そう青い海」をスローガンに、海洋環境保全に関する指導・啓発活動を重点的に実施するため、海事・漁業関係者、マリンレジャー等を行う方々を対象とした海洋環境保全講習会、若年層を含む一般市民の方々を対象とした海洋環境保全教室、地域の方々とも連携した海浜清掃などのイベントを開催しています。

同期間中、環境省と「CHANGE FOR THE BLUE」を推進する日本財団の共同事業である「海ごみゼロウィーク」一斉清掃に、海上保安庁も積極的に協力し、地方自治体、学校機関、公益財団法人海上保安協会等とも連携しつつ、地域の方々のご理解とご協力を得た上で、全国の海岸

等において、海浜清掃を行っています。あわせて海洋環境保全に関する啓発活動を実施することで、多くの方々に身近なごみが海洋汚染に結びついている現状を体感してもらうなど、海洋環境保全の意識高揚につなげるための活動を重点的に行っています。

また、海に関心を持ってもらうとともに、海洋環境保全思想の普及を図ることを目的として、全国の小中学生を対象に、海上保安協会との共催で「未来に残そう青い海・海上保安庁図画コンクール」を開催しています。

◆ 令和4年の主な海洋環境保全活動の実施状況

海洋環境保全講習会	51か所（1,222人）
訪 船 指 導	2,042隻
訪 問 指 導	552か所
海洋環境保全教室	168か所（7,609人）
漂着ごみ分類調査	205か所（25,927人）

訪船指導

若年層に対する海洋環境保全教室

漂着ごみ分類調査

地域中学校との海浜清掃活動

④ 海の再生プロジェクト

海洋環境の保全・再生のために東京湾、伊勢湾、大阪湾及び広島湾では「海の再生プロジェクト」が進められています。これらのプロジェクトでは、国や自治体、教育・研究機関、民間企業、市民団体等の関係機関が連携し、陸域からの汚濁負荷削減対策、海域の環境改善対策及び環境モ

ニタリングを推進しています。

海上保安庁は、「海の再生プロジェクト」の各種施策のうち、環境モニタリングに取り組んでおり、測量船によって海水の透明度や溶存酸素等の水質観測を定期的に行っています。夏季には上記の各湾において環境に関する一

◆ 海の再生プロジェクトの概念図

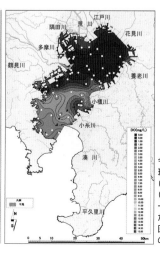

令和4年度の東京湾環境一斉調査の結果（底層の溶存酸素量（DO）分布）一部に、溶存酸素量が3.0mg/Lを下回った貧酸素水塊の分布が見られた

3 青い海を守る

斉調査が開催されており、海上保安庁も関係機関と連携して湾内や周辺の環境の把握に努めています。特に東京湾における一斉調査では事務局の一員として、水質調査・生物調査・環境啓発活動といった各種取組の取りまとめを実施しています。令和4年度の東京湾環境一斉調査では、民間企業や市民団体を含む182の機関が水質調査に参加しました。

今後の取組

海上保安庁では、海洋環境調査により海洋汚染の現況を的確に把握するとともに、**海上環境関係法令**違反の厳正な監視・取締りを実施します。また、広く指導・啓発活動を推進するとともに、関係機関と情報共有体制を構築し、各機関と連携・協力して海洋環境保全につながる取組を推進していきます。

未来に残そう青い海・海上保安庁図画コンクールの開催

海上保安庁では、将来を担う小中学生の子どもたちに海洋環境について考える機会を提供することで海への関心を高め、海洋環境保全思想の普及とともに、海上保安業務への理解の促進を図ることを目的として、公益財団法人海上保安協会との共催で「未来に残そう青い海・海上保安庁図画コンクール」を開催しています。

23回を迎えた図画コンクールでは、応募者が手軽に描いてポストに投函できる「はがきサイズ」で図画作品を募集し、全国の小中学生から17,403点の応募がありました。審査及び選考の結果、特別賞（国土交通大臣賞）、海上保安庁長官賞等の受賞作品が決定しました。

応募作品については、力作ばかりで、綺麗な海の風景と付近に捨てられているゴミを一緒に描くなど、メッセージ性の高い作品が多数見受けられました。我々の尊い財産であるこの豊かな海を後世に残せるよう、皆様と一緒に海洋環境保全活動に取り組んでいきたいと思います。

特別賞（国土交通大臣賞）

国土交通大臣による表彰

新田 芽以さん
宮城県 美里町立不動堂小学校3年生

海上保安庁長官賞

（小学生低学年の部）

（小学生高学年の部）

横田 梨乃さん
広島県 東広島市立三ツ城小学校6年生

河野 壮真さん
神奈川県 横須賀市立高坂小学校2年生

（中学生の部）

森 友里香さん
愛知県 西尾市立平坂中学校3年生

※受賞者の学年は、応募当時

4 災害に備える

海上での災害には、船舶の火災、衝突、乗揚げ、転覆、沈没等に加え、それに伴う油や有害液体物質の排出といった事故災害と、地震、津波、台風、火山噴火等により被害が発生する自然災害があります。

海上保安庁では、このような災害が発生した場合に、迅速かつ的確な対応ができるよう、資機材の整備や訓練等を通じて万全の準備を整えているほか、事故災害の未然防止のための取組や自然災害に関する情報の整備・提供等も実施しています。

 CHAPTER I 事故災害対策

 CHAPTER II 自然災害対策

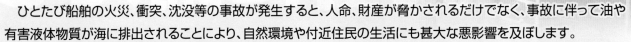

CHAPTER I 事故災害対策

ひとたび船舶の火災、衝突、沈没等の事故が発生すると、人命、財産が脅かされるだけでなく、事故に伴って油や有害液体物質が海に排出されることにより、自然環境や付近住民の生活にも甚大な悪影響を及ぼします。

海上保安庁では、事故災害の未然防止に取り組むとともに、災害が発生した場合には関係機関とも連携して、迅速に対処し、被害が最小限になるよう取り組んでいます。

令和4年の現況

◆ 事故災害への対応

船舶火災

令和4年に発生した船舶火災隻数は61隻で、船舶火災隻数を船舶種類別で見ると、漁船の火災隻数が最も多い傾向が続いており、令和4年においても、漁船の火災隻数は28隻と、全体の約5割を占めています。

このような船舶火災に対して海上保安庁では、消防機能を有する巡視船艇からの放水等による消火活動を実施しています。

油排出事故

令和4年に海上保安庁が確認した油による海洋汚染発生件数は299件で、前年と比べ33件減少しました。

海上における油排出事故等では原因者による防除が原則となっているため、海上保安庁では、原因者が適切な防除を行えるよう指導・助言を行っています。

一方、油等の排出が大規模である場合や、原因者の対応が不十分な場合には、関係機関と協力の上、海上防災のスペシャリストである**機動防除隊**等により海上保安庁自らが防除を行っています。

令和4年は、海上保安庁において、138件の油排出事故に対応しました。

◆ 船舶火災隻数の推移

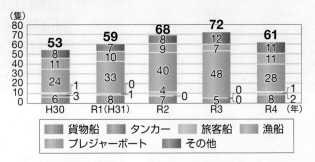

凡例: 貨物船、タンカー、旅客船、漁船、プレジャーボート、その他

◆ 海上保安庁が防除措置を講じた油排出事故件数

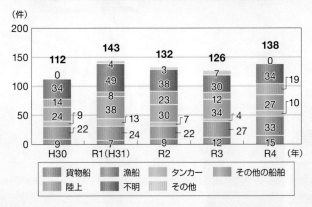

凡例: 貨物船、漁船、タンカー、その他の船舶、陸上、不明、その他

火災船への放水状況

機動防除隊による指導状況

港湾施設からの油流出状況

08 Column

対馬沖火災船から乗組員を救助 !!

令和4年8月31日、午後10時42分ころ、「長崎県対馬市伊奈沖で底引き網漁船の機関室から火災が発生した」旨の**118番**通報がありました。

直ちに第七管区海上保安本部対馬海上保安部から巡視船らいざん及び比田勝海上保安署の巡視艇あきぐもが現場へ急行、あきぐもが火災船に接舷し乗組員9名全員を救助しました。

救助した火災船の乗組員9名の内、機関室内で作業をしていた機関長だけが手や太ももにやけど等の軽傷を負いましたが、命に別状はなく、他の乗組員には怪我もなく無事でした。

当時、火元である機関室は密閉消火で延焼を抑えていましたが、電源は喪失し、船内は真っ暗なうえ、火勢が再び強まるおそれもあったことから、一刻も早く、乗組員を巡視艇に移乗させる必要がありました。

しかし、波高約2メートルの現場海域では、安全に接舷・移乗させることはできないと判断、火災船を**曳航**している僚船と伴に浅茅湾へ迅速に誘導し、救助したものです。

今後も、研鑽を重ね対馬の海を守り国民の安心・安全に寄与できるよう尽力してまいります。

4 災害に備える

災害に備える

事故災害対処のための体制強化

◆ 油排出事故等への備え

　海上保安庁では、事故災害に対して、迅速かつ的確な対応を行うための体制の整備を進めており、現場で対応にあたる海上保安官に対して、海上火災や油等排出事故への対応等に関する研修・訓練を実施しています。

　また、「油等汚染事件への準備及び対応のための国家的な緊急時計画」に基づく関係省庁連絡会議の枠組みにおいて情報共有等の連携を図っているほか、油排出事故等に備え図上訓練を実施し、関係省庁間の対応体制を確認するなど、体制の強化を図っています。

　また、海上に排出された油等の防除等を的確に行うためには、排出された油等がどのように流れるかを予測することが重要です。

　海上保安庁では、油排出事故等に備えるため、測量船等で観測した海象（海流、水温等）の情報を基に油等が漂流す

る方向、速度等を予測する**漂流予測**に取り組んでいます。

　さらに、**自律型海洋観測装置（AOV）**、イリジウム漂流ブイ及び海洋短波レーダーにより日本周辺の海流の情報等をリアルタイムに収集することで、**漂流予測**の精度向上に努めています。

　このほか、全国の沿岸域の地理・社会・自然・防災情報等を沿岸海域環境保全情報としてとりまとめ、「**海洋状況表示システム（海しる）**」のテーマ別マップ「油防除（CeisNet）」として、インターネット上で公開しています。

> ● 大規模流出油関連情報
> https://www1.kaiho.mlit.go.jp/JODC/ceisnet/
> ● 海洋状況表示システム（海しる）
> https://www.msil.go.jp/
>

◆ 国内連携

　事故災害による被害を防止するためには、事業者をはじめとする関係者に事故災害に対する意識を高めていただくことや地方公共団体等の関係機関との連携が重要です。

　海上保安庁では、タンカー等の危険物積載船の乗組員や危険物荷役業者等を対象とした訪船指導、運航管理者等に対する事故対応訓練、大型タンカーバースの点検等

を実施しています。

　また、地方公共団体、漁業協同組合、港湾関係者等で構成する協議会等を全国各地に設置し、災害発生時に迅速かつ的確な対応ができるよう油等防除訓練や講習等を実施しています。

◆ 国際連携

　油や有害液体物質等による海洋環境汚染は、我が国だけでなく周辺の沿岸国にも影響を及ぼすことから、各国と連携した対応が重要です。

　海上保安庁では、各国関係機関との合同訓練や**国際海事機関（IMO）**の関係委員会への参加等、国際的な取組に貢献しています。

　また、海上保安庁では、研修等を通じ、これまで培ってきた海上災害への対応に関するノウハウを各国関係機関に伝えることで、海上防災体制の構築を支援しています。

MARPOLEX訓練開会式
（左から日本、インドネシア、フィリピン）

火災船消火訓練中の巡視船

令和4年5月には、インドネシア・マカッサル沖において、日本、インドネシア、フィリピン三国合同油防除訓練（MARPOLEX2022）を実施しました。日本からは巡視船みずほ及び**機動防除隊**を派遣し、火災船消火、油防除等の各種訓練を実施しました。

さらに、令和4年9月9日から約2か月間、独立行政法人国際協力機構（JICA）の枠組のもと、13か国（バングラデシュ、ベトナム、フィリピン、マレーシア、インドネシア、スリランカ、モルディブ、トーゴ、モザンビーク、モーリシャス、ジャマイカ、マーシャル、フィジー）の海上保安機関職員18名に対し、油防除対応者向けの研修を実施しました。この研修はIMOのモデルコース＊に準拠した内容をさらに充実させたものであり、3年ぶりに対面での実施となりました。

＊IMOの各加盟国が国際条約やIMOの勧告等の技術的要件を満たすために必要な教育訓練を実施するにあたり、モデルとなるコースプラン、教材、詳細な計画書等の訓練カリキュラムを示したもの。

海上保安試験研究センターでの実習

防除機材の取扱実習

今後の取組

海上保安庁では、今後とも、巡視船艇・航空機や防災資機材の整備、現場職員の訓練・研修等を通じ、事故災害への対処能力強化を推進するとともに、関係者への適切な指導・助言、国内外の関係機関との連携強化を通じて、事故災害の未然防止や事故災害発生時の迅速かつ的確な対応に努めます。

加えて、脱炭素社会の実現に資する水素・アンモニアを燃料とする船舶及びこれらを運搬する船舶の事故災害に備え、必要な海上防災体制の構築に努めていきます。

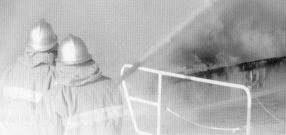

災害に備える

CHAPTER II 自然災害対策

近い将来に発生が懸念されている南海トラフ巨大地震、日本海溝・千島海溝周辺海溝型地震や首都直下地震に加え、近年、激甚化、頻発化し、深刻な被害をもたらす集中豪雨や台風など、自然災害への対策は重要性を増しています。

海上保安庁では、こうした自然災害が発生した場合には、人命・財産を保護するため、海・陸の隔てなく、機動力を活かした災害応急活動を実施するとともに、自然災害に備えた灯台等の航路標識の強靱化や防災情報の整備・提供、医療関係者等の地域の方々や関係機関との連携強化にも努めています。

令和4年の現況

◆ 自然災害への対応

令和4年度も地震や台風、大雨等による自然災害が発生し、各地に被害がもたらされました。海上保安庁では、巡視船艇・航空機及び**特殊救難隊**等の機動力を活用した人命救助、被害状況の調査、航行する船舶や海域利用者に対する情報提供等を実施しました。

また、自治体に職員を派遣して、被害状況などの情報収集を実施し、地域のニーズに応じた支援等を実施しました。

令和4年8月には低気圧に伴う前線の停滞等により、北日本から西日本にかけて広い範囲で大雨となりました。

海上保安庁では巡視船艇・航空機による被害状況調査、**機動救難士**による孤立者吊上げ救助、**潜水士**等による孤立情報に伴う安全確認を実施しました。

令和4年9月には、相次ぐ台風の接近が全国的に大雨や強風被害をもたらしました。台風14号の接近・上陸に際しては、災害対策基本法の改正後、初めて「おそれ」の段階において特定災害対策本部が設置され、政府一丸となった対応がなされた中で、海上保安庁においては、各管区海上保安本部で巡視船艇・航空機等を配備し即応体制を確保しつつ、関係する自治体に連絡要員を派遣し、関係機関と緊密に連携・協力しながら、被害状況調査等、迅速かつ的確に対応しました。また、台風15号に伴う静岡県静岡市における大規模な断水に対して、巡視船を派遣し給水支援活動を実施しました。

孤立者吊上げを行う機動救難士

孤立情報に伴う安全確認を行う潜水士等

巡視船による給水支援

停電復旧のための電力会社作業員搬送

東日本大震災からの復旧・復興に向けた取組

海上保安庁では、引き続き第二管区海上保安本部を中心に、東日本大震災からの復旧・復興に向けた取組を実施しています。

令和4年においても、地元自治体の要望に応じ、**潜水士**による潜水捜索や警察、消防と合同捜索を実施しています。

Column 09

台風15号の接近に伴う断水 巡視船による給水支援を実施

令和4年9月24日、台風15号による記録的な大雨により静岡市清水区では、区内のほぼ全域が断水の被害に見舞われました。

清水海上保安部では断水情報を認知後、直ちに静岡市に対して、巡視船による給水支援を提案したところ、静岡市から正式な要請がなされたことから、その日のうちに巡視船による給水支援を開始しました。

第三管区海上保安本部等は、被災者の不安を解消するため、あらかじめ給水支援を実施する前日に、開始時刻を広くお知らせするなど、海上保安庁Twitter等を活用した情報発信を行いました。

多くの方が集まる給水に際し、導線を自動車、自転車、徒歩に区分の上、交通整理の要員を配置するとともに、職員があらかじめ容器を預かり手際よく給水したのち引き渡すなど、安全かつ円滑な給水を実施しました。

特に、自動車で来られた方の給水はドライブスルー方式を採用の上、職員が容器の積込みまで行ったことで、被災者の負担軽減や待ち時間の短縮を図ることができました。

9月24日から9月30日までの計7日間にわたり、清水海上保安部所属の巡視船「おきつ」のほか、横浜海上保安部所属の巡視船「いず」、御前崎海上保安署所属の巡視船「ふじ」を現地に派遣し、合計2,776件、185.6トンの給水支援を実施しました。

職員は「被災者の心も満タンに！」と笑顔で対応し、市民からも笑顔と感謝をいただけたことから、今回の給水支援を通じて、地域の繋がりを深めることができました。

給水支援の状況

給水支援の状況

夜間における給水支援の状況

4
災害に備える

4 災害に備える

10 Column

桜島 初の警戒レベル5

第十管区海上保安本部総務部総務課

　鹿児島のシンボルといえば「桜島」！以前はその名の通り「島」でしたが、1914年の大正噴火で流れた溶岩によって海峡が埋めたてられ、大隅半島の一部になりました。

　その桜島が、令和4年7月24日午後8時05分に爆発し、大きな噴石が火口から約2.5キロメートルまで達しました。これに伴い気象庁は、噴火警戒レベルを3（入山規制）から最高の5（避難）に引き上げました。

　桜島がレベル5となるのは、2007年12月の噴火警戒レベルの設定以降初めてです。

　レベル引上げを受け、第十管区海上保安本部では、直ちに「第十管区桜島噴火対策本部」を設置し、鹿児島海上保安部管内の巡視船艇8隻に対して発動を指示のうえ、付近航行船舶への注意喚起や被害状況調査、島民避難に備えての港への配備を実施しました。

　その後、7月27日に噴火警戒レベルは3に下げられ、幸い、巡視船艇・航空機の調査において、被害等は認められませんでした。

　第十管区海上保安本部は、引き続き情報に留意し、桜島の鼓動を感じながら、有事の際に活動ができるよう、万全を期してまいります。

自然災害に備える体制の強化

◆ 海上交通の防災対策

海上保安庁では、近年、激甚化、頻発化する自然災害発生時においても、海上交通の安全確保を図るため、灯台をはじめとする航路標識の強靱化を推進するとともに、航行船舶の動静を把握し危険回避のための情報提供を行っています。

令和3年7月1日に施行された**海上交通安全法**等の一部を改正する法律により、船舶交通がふくそうする東京湾、伊勢湾、大阪湾を含む瀬戸内海では、湾外避難などの勧告・命令制度や、同制度に基づく措置を円滑に行うための官民の協議会を設置するなどして、**走錨**に起因する事

故の防止に取り組んでいます。

また、国土強靱化基本計画（平成30年12月14日改訂）に基づき、重点化すべきプログラムの取組のさらなる加速化・深化を図るため「防災・減災、国土強靱化のための5か年加速化対策」が令和2年12月11日に閣議決定され、海上保安庁にあっては、交通ネットワークを維持し、国民経済・生活を支えるための対策として、「**走錨**事故等防止対策」、「航路標識の耐災害性強化対策」及び「航路標識の老朽化等対策」に取り組んでいます。

走錨事故等防止対策
臨海部施設周辺海域、特定港及び船舶がふくそうする海域等に監視カメラやレーダーを設置し、海域監視体制の強化を図り、重大事故を未然に防止する。

監視カメラ　　レーダー

航路標識の海水浸入防止対策
航路標識の基礎部や外壁等に海水等が浸入する環境を遮断することによりコンクリートの劣化及び内部の鉄筋やアンカーボルトの腐食を防ぎ航路標識の倒壊を防止する。

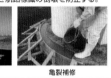

灯台基礎部の新設　　亀裂補修

航路標識の電源喪失対策
予備電源の整備及び主電源の太陽電池化による電源喪失対策を講じることで、長期停電による航路標識の消灯等の未然防止を図り、船舶交通の安全を確保する。

発電機の換装　　太陽電池化

航路標識の監視体制強化対策
監視装置を整備することで、自然災害の影響による航路標識の消灯、移動、流出した際における情報提供体制を強化する。

送信用空中線　　本体

航路標識の信頼性向上対策
航路標識に使用している機器等について、災害等における安定運用が可能な機器等への換装を行う。

▲高輝度LEDの導入　　▲耐波浪型LED灯器の導入

航路標識の老朽化等対策
航路標識の倒壊、損壊等に備えるため、長寿命化の整備を着実に実施し、航路標識の老朽化対策を図る。

▲外壁を補修後、塗装等

◆ 防災情報の整備・提供

海上保安庁では、災害発生時の船舶の安全や避難計画の策定等の防災対策に活用していただくため、防災に関する情報の整備・提供も行っています。西之島をはじめとする南方諸島や南西諸島等の火山島や海底火山については海底地形調査、火山の活動状況の監視を実施し、付近を航行する船舶の安全に支障を及ぼすような状況がある場合には、**航行警報**等により航行船舶への注意喚起等を行っています。

そのほかにも、船舶の津波避難計画の策定等に役立つように、大規模地震による津波被害が想定される港湾及び沿岸海域を対象に、予測される津波の到達時間や波高、流向・流速等を記載した「津波防災情報図」を「**海しる**」のテーマ別マップ等で、インターネットにて公開しています。

また、「**海の安全情報**」において、自然災害に伴う港内における避難勧告、航行の制限等の緊急情報のほか、気象現況等を提供しています。

◆ 海底地殻変動の観測

日本周辺の海溝では日本列島がある陸側プレートの下に海側のプレートが沈み込んでいます。海側プレートの沈み込みに伴う陸側プレートの変形によって蓄積されたひずみが、プレート境界面上のすべりとして急激に解放されることで、海溝型地震が発生すると考えられています。海上保安庁では、GNSS※測位と水中音響測距技術を組み合わせたGNSS-A海底地殻変動観測を平成12年度から行っています。この観測では、将来の海溝型地震の発生が予想される南

海トラフや、東北地方太平洋沖地震後の挙動が注目される日本海溝沿いの海底に観測機器を設置し、測量船を用いてプレートの変形に伴う海底の動き（地殻変動）を調べています。

観測によって得られる、地震発生前のひずみの蓄積過程や地震時のひずみの解放等に伴う海底地殻変動データは、陸上のGNSS観測では知り得ない貴重な情報を有しており、海溝型地震の発生メカニズムの解明において非常に重要な役割を果たしています。海上保安庁は、地震調

4
災害に備える

査研究推進本部や気象庁の南海トラフ沿いの地震に関する評価検討会に参加し観測結果を報告することで、地震・

地殻活動の評価に貢献しています。

※GPS等の人工衛星から発射される信号を用いて地球上の位置等を測定する衛星測位システムの総称

海上保安庁が発展させたGNSS-A海底地殻変動観測

海上保安庁ではこれまでに培ってきた海洋における調査技術を活かして、地震防災につながるための調査観測を実施しています。ここでは、将来の発生が懸念されている南海トラフ地震等、海域で発生する地震の発生メカニズムの解明のために実施している「GNSS-A海底地殻変動観測」について紹介します。

海域で発生する地震の仕組みを詳しく知るためには、震源域である海域での観測が重要であることが古くから指摘されていました。陸上では、人工衛星を利用した測位技術により地面の動き（地殻変動）が精密に観測されてきましたが、海域の地殻変動観測には技術的な困難が多く、離島や岩礁で限定的に行われたのみでした。

このような中、海底の動きを直接計測することを可能とする技術として、1980年代に、衛星測位技術と水中音響（Acoustic）測距技術を組み合わせた海底地殻変動観測手法（後のGNSS-A海底地殻変動観測）が米国の研究機関の研究者によって提案されました。しかし、当時は実験的な観測が実施されたのみで、安定した観測運用には至りませんでした。海上保安庁は、**海図**作製を原点として培ってきた海中での音響計測技術や人工衛星を利用した測位技術の経験を活かし、1990年代半ばから海底地殻変

動観測システムの開発に着手し、様々な試行錯誤を経て実用化に成功しました。現在では、日本海溝や南海トラフ沿いに観測点網を展開し、測量船を使用して定常的に観測を実施しています。

GNSS-A海底地殻変動観測は、GNSS測位と水中音響測距を組み合わせて海底に設置した観測装置（海底局）の位置を計測するものです（図1）。測量船の位置を決定するGNSS測位には、通常の航海や測量に使用しているものよりも高精度な精密測位を用いています。海中ではGNSSの電波が届かないため、音波を用いた測位を行います。測量船と海底局との間に音波を往復させ、その往復時間から距離を計測します。最後に、これら2つの計測結果を組み合わせて、海底局の位置をセンチメートルの精度で決定します。海底局の位置を繰り返し測定することで、年間わずか数cmほどの海底の動きを捉えることが可能となります。

これまでの観測から、2011年3月の東北地方太平洋沖地震により震源付近の海底が20m以上動いたことや、南海トラフ地震の想定震源域の固着強度が場所によって異なること（図2）などを捉えてきました。さらに、巨大地震の発生との関連が示唆されているゆっくりすべりの検出にも成功しています。

2020年には海上保安庁が実施してきたGNSS-A海底地殻変動観測の技術開発や成果が地震学の発展に大きく貢献したと認められ、日本地震学会技術開発賞が授与されました。

海上保安庁では、地震防災に貢献するため、引き続き観測を実施するとともに、更なる精度向上に向けて技術開発を進めてまいります。

◆ 図1 GNSS-A海底地殻変動観測の原理図

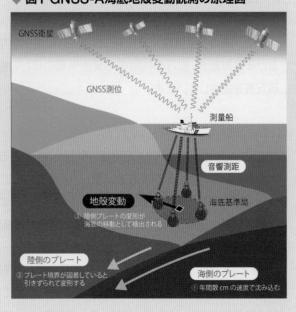

◆ 図2 南海トラフの固着状況

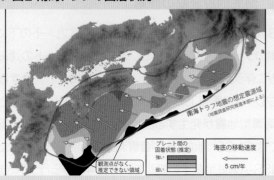

◆ 関係機関との連携・訓練

災害応急対応にあたっては地域や関係機関との連携が重要であることから、海上保安庁では、関係機関との合同訓練に参画するなど、地域や関係機関との連携強化を図っています。

加えて、全国60の海上保安部署に配置される地域防災対策官を中心に、平素から自治体等と顔の見える関係を築き、情報共有や協力体制の整備を図るとともに合同訓練を実施する等、さらなる連携強化に努めています。

令和4年度は、迅速な対応勢力の投入や非常時における円滑な通信体制の確保等を念頭に置いた防災訓練等、関係機関と連携した合同防災訓練を241回実施しました。また、主要な港では、関係機関による「船舶津波対策協議会」を設置し、海上保安庁が収集・整理した津波防災に関するデータを活用しながら、港内の船舶津波対策を検討しています。

Column 11 / 海上自衛隊呉地方総監部と第六管区海上保安本部との燃料補給訓練

第六管区海上保安本部は、大規模災害発生時における円滑な相互協力を行うことを目的として、海上自衛隊呉地方総監部との間で「第六管区海上保安本部と海上自衛隊との海上における災害派遣に関する細目協定」を締結しており、津波被害等これら大規模災害によって民間の給油施設が使用できない場合には捜索救助等にあたる巡視船艇・航空機に対する海上自衛隊艦艇等からの燃料補給等の援助を要請することができます。

この協定に基づき、令和4年10月には、広島航空基地回転翼航空機「せとわし」を洋上の海上自衛隊輸送艦「おおすみ」へ着艦させ、燃料補給に使用するホースや給油ノズル、燃料補給時の手順などを確認する訓練を、また、12月には、海上自衛隊多用途支援艦「げんかい」から呉海上保安部巡視艇「くれかぜ」に、実際に軽油を補給する訓練を実施しました。

第六管区海上保安本部では、今後も海上自衛隊との連携訓練を重ね、大規模災害発生時に迅速かつ的確な対応ができるよう災害対応能力の維持・向上に努めていくこととしています。

輸送艦「おおすみ」に着艦した「せとわし」

輸送艦「おおすみ」艦上での打合せ

多用途支援艦「げんかい」から巡視艇「くれかぜ」への軽油補給訓練

4 災害に備える

第八管区海上保安本部美保航空基地

Column 12 / 美保航空基地機動救難士の活躍

鳥取県境港市に所在する美保航空基地は、福井県から島根県までの1府4県にわたる日本海西部の海域をカバーしています。

美保航空基地では平成16年4月に**機動救難士**が配置されて以降、海上のほか離島急患搬送等の陸上事案も含めて、1274件出動し、451名を救助しました。（令和4年12月末現在）

現在、美保航空基地には、9名の**機動救難士**が配置されており24時間体制で海難救助のための体制を整えています。**機動救難士**は、救助要請があれば航空機に同乗し、ヘリコプターからの降下吊上げ救助や救急救命活動、潜水を行います。

令和4年2月1日に発生した島根県隠岐諸島沖合を航行中の5万トンを超える貨物船が機関故障により航行不能となった事案においては、貨物船が陸岸約800メートルまで接近し、座礁する危険も迫る中、ヘリコプターから**機動救難士**が貨物船に降下しえい航や投錨作業を補助し、無事に座礁を回避しました。

令和4年8月に、福井県で発生した豪雨災害においては、ヘリコプターの飛行時間が限られ、現場との通信手段も途絶する中、ヘリコプターから降下した**機動救難士**が要救助者を捜索のうえ、ヘリコプターを誘導し、無事2名を吊り上げ救助しました。

令和4年に**機動救難士**が対応した年間における急患搬送件数が33件となり、平成16年4月に**機動救難士**が配置されて以降、過去最多の急患搬送件数となりました。

これらの事案対応以外にも兵庫県豊岡市の水族館「城崎マリンワールド」の協力を得て、**機動救難士**とイルカ等海の仲間たちとのコラボショーによる海難防止活動を展開するほか、事案対応の状況や海難防止の呼びかけをYouTubeで発信するなど多岐にわたる活動をしています。

美保基地**機動救難士**は迅速な海難救助体制の一翼を担っており、引き続き、様々な業務に対して積極的に対応していきます。

今後の取組

海上保安庁では、あらゆる自然災害に備えるため、巡視船艇・航空機等の必要な体制の整備や訓練の実施、地域・関係機関との連携強化、防災に関する情報の的確な提供、航路標識の強靱化、**走錨**に起因する事故の未然防止等を引き続き推進していきます。

5 海を知る

我が国は、四方を海に囲まれた海洋国家であり、我々はその広大な海を活動の場としてきました。

海は豊かな恵みをもたらすとともに、日本と世界をつなぐ道でもあり、我々の営みを支える極めて重要な存在です。

海洋権益の確保や海上交通の安全、海洋環境の保全や防災に加えて、近年、大きな期待が寄せられている新たな海洋資源開発の実用化のためにも、海洋に関する詳細な調査を実施し、得られた情報を適切に管理・提供していくことが不可欠です。

海上保安庁は、引き続き、広域かつ詳細な海洋調査を計画的に実施し、情報を適切に管理・提供することによって、海洋権益の確保や海上の安全を図る役目を担っていきます。

 CHAPTER I 海洋調査

 CHAPTER II 海洋情報の提供

5 海を知る

CHAPTER I 海洋調査

海上保安庁では、海洋権益の確保、海上交通の安全、海洋環境の保全や防災といったさまざまな目的のために海洋調査を実施しています。特に近年では、我が国の管轄海域や新たな海洋資源の開発・利用等への関心が高まるなか、海洋権益確保の基礎となる海洋調査が重要となっています。

令和4年の現況

❶ 海洋権益の確保のために

四方を海に囲まれた我が国にとって、**領海**や**排他的経済水域（EEZ）**等の海洋権益を確保することは極めて重要であり、その基礎となる海洋情報の整備は不可欠です。

海上保安庁では日本周辺海域において、測量船に搭載されたマルチビーム測深機や**自律型潜水調査機器（AUV）**等による海底地形調査、地殻構造調査や底質調査等の調査を重点的に推進するとともに、**自律型海洋観測装置（AOV）**や**航空レーザー測深機**により、**領海**や**EEZ**の外縁の根拠となる**低潮線**の調査を実施しています。

◆ 海洋権益確保のための海洋調査

測量船により海流、海底地形、海底の地殻構造、底質を調査

自律型海洋観測装置（AOV）により潮位を観測

航空機により海底地形を調査

無人高機能観測装置（USV）により海域火山の海底地形を調査

自律型潜水調査機器（AUV）により海底地形を調査

海洋調査能力の強化

海上保安庁は、平成28年に決定された「海上保安体制強化に関する方針」に基づき、大型測量船「平洋」及び「光洋」、測量機「あおばずく」、**自律型海洋観測装置（AOV）**などの整備を進めてまいりましたが、令和4年12月、新たに「海上保安能力強化に関する方針」が決定されました。

今後は新たな方針に基づき、測量船や測量機器等の整備や高機能化といったハード面での能力向上に加えて、取得したデータをとりまとめ、論文等により対外発信するために必要な最新の情報処理技術の活用といった、ソフト面での能力強化にも取り組んでまいります。これらにより、海洋権益確保に資する優位性を持った海洋調査能力の構築を行ってまいります。

「あおばずく」

浅海域の海底地形調査を実施
（MA871、ビーチ350）

AOV

潮位観測を実施

自律型潜水調査機器（AUV）

海底地形調査を実施
（写真は測量船「平洋」搭載のもの）

「光洋」

沖合の海底地質を中心とする調査を実施

領海・EEZはどう決まる？

国連海洋法条約によると、領海・EEZの外縁の根拠について「通常の基線は、沿岸国が公認する大縮尺海図に記載されている海岸の低潮線とする」とされています。低潮線とは、海面が最も低いときの陸地と水面の境界線のことであり、この低潮線の位置をより精密な調査によって決定することで、領海やEEZの範囲が明確になります。

我が国の海図の作製・刊行を行っている海上保安庁では、低潮線の位置を精密に調査するために、航空機やAOVによる調査を実施しています。航空レーザー測深機により取得する水深が浅い海域や岩礁地帯の詳細な海底地形データと、AOVにより洋上で長期間にわたり取得した潮位データを基に算出された最も低くなる水面「精密最低水面」を組み合わせることで、従来よりも高精度に低潮線の位置が決定でき、新たな低潮高地の発見等、領海やEEZの拡大につながることが期待されます。

海上保安庁では引き続き、最先端の技術を用いた精密低潮線調査を実施していきます。

◆ 精密低潮線調査の必要性

● 国連海洋法条約第5条（通常の基線）
「通常の基線は、沿岸国が公認する大縮尺海図に記載されている海岸の低潮線とする。」(抄)

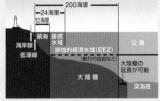

● 精密低潮線調査による低潮高地等の発見
⇒領海・EEZが拡大
⇒他国による海洋境界等の主張に対し、我が国の立場を適切な形で主張

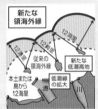

※低潮線とは、干満により海面がもっとも低くなったときに陸地と水面の境界となる線で、国連海洋法条約上、領海の幅を測定する根拠となるもの

◆ 精密低潮線調査

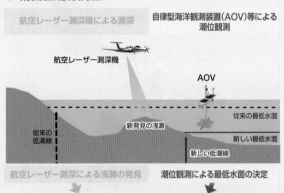

航空レーザー測深機による測深　　自律型海洋観測装置（AOV）等による潮位観測

航空レーザー測深による浅瀬の発見　　潮位観測による最低水面の決定

領海・EEZの根拠となる低潮線の位置を高精度に決定

領海・EEZが拡大する可能性

② 海上交通の安全のために

船舶の安全な航行を確保するためには、最新の情報が掲載された海図や海の流れ・潮の満ち引きといった海洋情報が必要です。

海上保安庁では、測量船や航空機等により海底地形の調査等を行い、海図を最新の情報に更新するとともに、測量船や海洋短波レーダー、AOV、験潮所等により海潮流や潮位の情報を収集し、インターネットにより情報提供することによって、海上交通の安全に貢献しています。

AOV投入作業の様子

③ さまざまな目的のために

海洋調査は、海洋権益の確保や海上交通の安全のほか、海洋環境の保全や防災のためにも実施されています。

海上保安庁では、海洋環境を把握するため、海水や海底堆積物を採取し、汚染物質や放射性物質の調査を継続的に行っています（詳しくは086ページ）。

また、海底地殻変動観測（詳しくは097、098ページ）、海域火山の活動監視観測等を実施し、大規模地震発生のメカニズム解明や海域火山の活動状況の把握に役立てています。

その他、さまざまな目的に用いるため、詳細な海底地形図を作成しています。

さらに、顕著な海底地形には命名を行い世界の海底地形名を標準化するための国際会議（海底地形名小委員会）に海底地形名を提案しています。

海域火山活動状況の調査の様子

日本の「海」について

四方を海に囲まれた我が国は、国土面積の約12倍、447万km²にも及ぶ**領海**と**EEZ**を有しています。また、平成24年4月**大陸棚**限界委員会からの勧告により、我が国の国土面積の約8割にあたる**大陸棚**の延長が認められました。これを受け、平成26年10月には我が国初の延長**大陸棚**が設定されました。

◆ **我が国周辺の海域**（概念図）（図1）

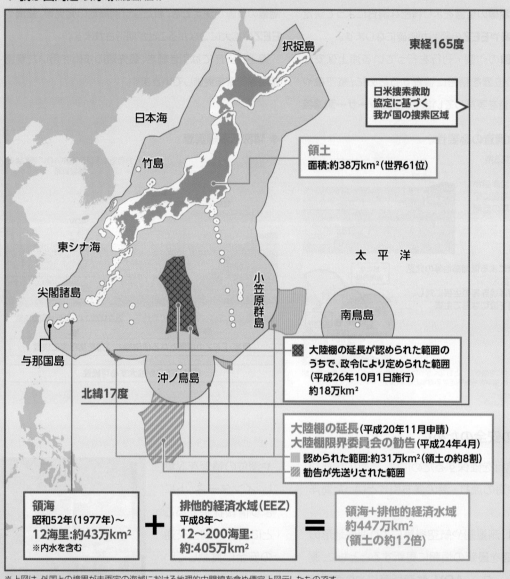

択捉島

東経165度

日本海

日米捜索救助協定に基づく我が国の捜索区域

竹島

領土
面積:約38万km²（世界61位）

東シナ海

太 平 洋

尖閣諸島

小笠原群島

南鳥島

与那国島

沖ノ鳥島

北緯17度

大陸棚の延長が認められた範囲のうちで、政令により定められた範囲（平成26年10月1日施行）約18万km²

大陸棚の延長（平成20年11月申請）
大陸棚限界委員会の勧告（平成24年4月）
認められた範囲:約31万km²（領土の約8割）
勧告が先送りされた範囲

領海
昭和52年（1977年）～
12海里:約43万km²
※内水を含む

＋

排他的経済水域（EEZ）
平成8年～
12～200海里:
約:405万km²

＝

領海＋排他的経済水域
約447万km²
（領土の約12倍）

※上図は、外国との境界が未画定の海域における地理的中間線を含め便宜上図示したものです。

◆ **領海・排他的経済水域等模式図**（図2）

200海里
24海里
12海里

① 領海
② 接続水域
③ 排他的経済水域（EEZ）
（航行の自由など）
④ 公海

海岸線
低潮線

大陸棚の延長が可能

⑥ 大陸棚
⑤ 深海底

◆ **領海基線等の模式図**（図3）

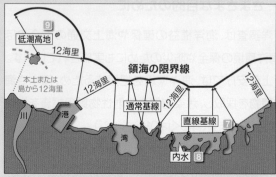

⑨ 低潮高地
12海里

領海の限界線

本土または島から12海里

12海里

川

港

通常基線

直線基線 ⑦

湾

内水 ⑧

※国連海洋法条約第7部（公海）の規定はすべて、実線部分に適用されます。また、航行の自由をはじめとする一定の事項については、点線部分にも適用されます。

国連海洋法条約に基づく海域や基線等は次のとおりです。

※以下の内容はあくまで一般的な場合の説明です。詳細については、外務省のHP、関係法令等を参照してください。

1 領海

領海基線（7参照）からその外側12海里（約22km）の線までの海域で、沿岸国の主権が及びますが、**領海**に対する主権は**国連海洋法条約**及び国際法の他の規則に従って行使されます。すべての国の船舶は、**領海**において無害通航権*を有します。また、沿岸国の主権は、**領海**の上空、海底及び海底下にまで及びます。

*沿岸国の平和、秩序又は安全を害しない限り、沿岸国に妨げられることなくその領海を通航する権利。

2 接続水域

領海基線からその外側24海里（約44km）の線までの海域（**領海**を除く。）で、沿岸国が、自国の領域における通関、財政、出入国管理（密輸入や密入国等）又は衛生（伝染病等）に関する法令の違反の防止及び処罰を行うことが認められた水域です。

3 排他的経済水域（EEZ）

原則として**領海基線**からその外側200海里（約370km）の線までの海域（**領海**を除く。）です。なお、**排他的経済水域**においては、沿岸国に以下の権利、管轄権等が認められています。

①海底の上部水域並びに海底及びその下の天然資源の探査、開発、保存及び管理等のための主権的権利

②人工島、施設及び構築物の設置及び利用に関する管轄権

③海洋の科学的調査に関する管轄権

④海洋環境の保護及び保全に関する管轄権

4 公海

国連海洋法条約上、**公海**に関する規定は、いずれの国の**排他的経済水域**、**領海**若しくは内水又はいずれの群島国の群島水域にも含まれない海洋のすべての部分に適用されます。**公海**はすべての国に開放され、すべての国が**公海**の自由（航行の自由、上空飛行の自由、一定の条件の下での漁獲の自由、海洋の科学的調査の自由等）を享受します。

5 深海底

深海底及びその資源は「人類共同の財産」と位置付けられ、いずれの国も深海底又はその資源について主権又は主権的権利を主張又は行使等できません。

6 大陸棚

原則として**領海基線**からその外側200海里（約370km）の線までの海域（**領海**を除く。）の海底及びその下ですが、地質的及び地形的条件等によっては**国連海洋法条約**の規定に従い延長することができます。沿岸国には、**大陸棚**を探査し及びその天然資源を開発するための主権的権利を行使することが認められています。

7 領海の基線

領海の幅を測る基準となる線です。通常は、海岸の**低潮線**（干満により、海面が最も低くなったときに陸地と水面の境界となる線）ですが、海岸が著しく曲折しているか、海岸に沿って至近距離に一連の島がある場所には、一定の条件を満たす場合、適当な地点を結んだ直線を基線（直線基線）とすることができます。

8 内水

領海基線の陸地側の水域で、沿岸国の主権が及びます。内水においては外国船舶に無害通航権は認められませんが、直線基線の適用以前に内水とされていなかった水域が、直線基線の適用後に内水として取り込まれることとなった場合に限り、すべての国の船舶はその水域において無害通航権を有します。

9 低潮高地

低潮高地とは、自然に形成された陸地であって、低潮時には水に囲まれ水面上にあるが、高潮時には水中に没するものをいいます。低潮高地の全部又は一部が本土又は島から**領海**の幅を超えない距離にあるときは、その**低潮線**は、**領海**の幅を測定するための基線として用いることができます。低潮高地は、その全部が本土又は島から**領海**の幅を超える距離にあるときは、それ自体の**領海**を有しません。

海洋境界をめぐる主張への対応

近年、東シナ海の我が国周辺海域において、二国間の地理的中間線を越えた一方的な境界画定を主張している国があります。

沿岸国は、**国連海洋法条約**の関連規定に基づき、**領海基線**から200海里までの**EEZ**及び**大陸棚**の権原を有していますが、東シナ海をはさんで向かい合っている国との**領海基線**の間の距離は400海里未満なので、双方の**EEZ**及び**大陸棚**が重なる部分について、相手国との合意により境界を画定する必要があります。

令和4年度の現況

中国及び韓国の大陸棚延長申請への対応

中国及び韓国は、東シナ海における境界画定は東シナ海の特性を踏まえるべきであり、沖縄トラフで大陸性地殻が切れると主張し、平成24年12月、**大陸棚**限界委員会に対し、沖縄トラフまでを自国の**大陸棚**とする**大陸棚**延長申請を行いました。昭和57年に採択された**国連海洋法条約**の関連規定とその後の国際判例に基づけば、向かい合う国の距離が400海里未満の水域において境界を画定するにあたっては、自然延長論が認められる余地はなく、また、沖縄トラフのような海底地形に法的な意味はありません。したがって、**大陸棚**を沖縄トラフまで主張できるとの考えは、現在の国際法に照らせば根拠に欠けます。

※ 国連海洋法条約は、沿岸国の大陸棚を領海基線から200海里と定める一方、海底地形等の条件を満たせば、200海里を超える大陸棚を設定できることを定めている。

中国及び韓国の**大陸棚**延長申請に対する我が国の立場は、「**国連海洋法条約**の関連規定に従って、両国間それぞれの合意により境界を画定する必要があり、中国及び韓国の申請については、審査入りに必要となる事前の同意を与えていない」というものであり、**大陸棚**限界委員会に中国及び韓国の申請を審査しないよう求めた結果、同委員会は中国及び韓国の**大陸棚**延長申請の審査順が到来するまで、審査を実施するか否かの判断を延期しています。

しかしながら、中国及び韓国は海洋調査体制を強化しており、我が国としても科学的調査データを収集・整備しておく必要があります。

海上保安庁では、我が国の海洋権益を確保するため、外務省等の国内関係機関との協力・連携を進めつつ、他国による日本とは異なる境界画定の主張に対応するために必要な海洋調査を計画的に実施しています。

◆ 東シナ海における中国・韓国による大陸棚延長申請図

◆ 中国・韓国の大陸棚延長申請の主張

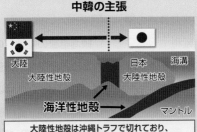

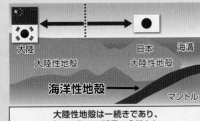

今後の取組

海洋権益の確保のため、今後も引き続き、**領海**や**EEZ**等における海底地形調査や地殻構造調査、**低潮線**調査等の調査を実施していきます。

また、水深や海潮流等の最新の観測結果を**海図**等へ反映させることにより、より一層海上交通の安全確保に努めます。

さらに、海潮流、潮汐の観測や海洋汚染調査、海底地殻変動観測、海域火山の監視観測など、さまざまな目的に合わせた海洋調査を実施することで、海洋情報の収集に努めます。

南極地域観測に貢献する海上保安官

南極地域観測は、関係各省庁が連携して研究観測や昭和基地の維持運営などを分担して進めている国家事業です。海上保安庁は、初代南極観測船「宗谷」による最初期の南極地域観測から参加しており、近年は、南極地域における船舶の航行安全の確保、地球科学の基盤情報の収集などを目的とした海底地形調査や潮汐観測を担当し、南極地域観測事業の一翼を担っています。

国際水路機関南極地域水路委員会の取組みとして、各加盟国が南極地域の**海図**を分担して刊行しており、日本（海上保安庁）は昭和基地周辺の**海図**を刊行しています。南極観測船「しらせ」に装備されたマルチビーム音響測深機によって取得した精密な海底地形データにより、南極地域における**海図**の整備を進めています。また、昭和基地の沿岸には海上保安庁が管理する験潮所を設置しており、常時潮汐観測を実施しています。この地域の海面変動を把握できるだけでなく、世界各地のデータと組み合わせることで地球全体の海面の長期的な変動の監視ができる等、地球科学の基礎的な資料としても活用されます。

南極地域観測に従事する海上保安官は、南極地域観測隊の夏隊員として、毎年11月に日本を発ち、12月中に昭和基地に到着、観測等の基地での活動を行い、翌年2月頃昭和基地を離れ、春頃日本に帰国します。現在の厳しい状況においても、これまでの南極観測隊員が積み重ねてきた活動を未来につなげるため、海上保安庁で培った海洋調査のノウハウを生かし、南極地域観測に貢献しています。

海底地形調査

昭和基地・西の浦験潮所前で観測

投下式塩分・水温・深度観測

GNSS観測

5 海を知る

CHAPTER II 海洋情報の提供

海洋は、海運や水産業、資源開発、マリンレジャー等、さまざまな目的で利用されており、それぞれの目的によって必要となる情報が異なります。海上保安庁では、海洋調査により得られた多くの海洋情報を基に、それぞれの目的に合わせ、ユーザーの利用しやすい形での情報提供に努めています。

令和4年の現況

1 海上交通の安全のために

海上保安庁では、船舶の安全航行に不可欠な**海図**や**電子海図情報表示装置（ECDIS）**で利用できる**航海用電子海図（ENC）**等の作製・刊行を行っています。

令和4年には、海洋調査により得られた最新情報を基に、**海図**（改版4図）、水路書誌（新刊1冊、改版3冊）等を刊行しました。

◆ 水路図誌等の種類と刊行版数 (令和4年末現在)

種　類			内　容	刊行版数
海図	航海用海図	紙　海　図	沿岸の地形や水深、浅瀬、灯台の位置や海潮流の情報等を記載した図	756(139)
		電　子　海　図	国際的な規則に従って紙海図と同等の情報を電子的に表示できるようにしたデータ	798
	海の基本図	大陸棚の海の基本図	海底地形図、海底地質構造図、地磁気異常図、重力異常図	46
		沿岸の海の基本図	海底地形図、海底地質構造図	412
		その他の海の基本図	大洋の海の基本図、海底地形図	7
	特　　　　殊　　　　図		潮流図、位置記入用図、磁気図、大圏航法図、世界総図、太平洋全図、天測位置決定用図、MARINERS' ROUTEING GUIDE、ろかい船等灯火表示海域一覧図、日本近海演習区域一覧図、海図図式	57(3)
水路書誌	水　　　　路　　　　誌		沿岸、港湾、気象、海象等の状況を地域別に収録した冊子	10(5)
	特　殊　書　誌		航路誌、距離表、灯台表、天測暦、天測略暦、天測計算表、潮汐表、水路図誌目録、水路図誌使用の手引	13(1)
航　　　　　空　　　　　図			飛行場、航空路、標識等を示した航空用の図	12

※（ ）内は英語版の内数

2 海洋情報の利活用活性化のために

海洋情報は、船舶の航行の安全や、資源開発、マリンレジャー等のさまざまな目的で利用されています。

このため、ユーザーが目的に応じて、利用しやすいように海洋情報を提供することが非常に重要となっています。

海上保安庁は、**日本海洋データセンター（JODC)**として、長年にわたり海上保安庁が独自に収集した情報だけでなく、国内外の海洋調査機関によって得られた海洋情報を一元的に収集・管理し、インターネット等を通じて国内外の利用者に提供しています。

日本海洋データセンター（JODC）

海洋情報クリアリングハウス
https://www.mich.go.jp/

「海洋状況表示システム（海しる）」
https://www.msil.go.jp/

◆ 日本海洋データセンター (JODC)

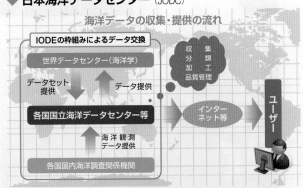

◆ 海洋情報クリアリングハウス

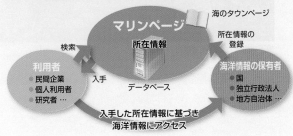

また、平成19年に策定された「海洋基本法」に基づく海洋基本計画に従い、各機関に分散する海洋情報の一元化を促進するため、国の関係機関等が保有するさまざまな海洋情報の所在について、一元的に検索できる「**海洋情報クリアリングハウス（マリンページ）**」を平成22年3月より運用しています。

さらに、国や地方自治体等が海洋調査で取得した情報をはじめ、海洋の利用状況を把握するうえで必要となるさまざまな情報を、地図上で重ね合わせて閲覧できるウェブサービス「海洋台帳」を運用し、海洋再生可能エネルギーへの期待が高まるなか、洋上風力発電施設の適地選定等に役立てられてきました。

平成28年には、総合海洋政策本部にて決定された、「我が国の**海洋状況把握**の能力強化に向けた取組」において、海洋におけるさまざまな人為的または自然の脅威への対応と海洋の開発及び利用促進のため、関係府省・機関と連携して、海洋観測を強化するとともに、衛星情報を含め広範な海洋情報を集約・共有する「**海洋状況表示システム**（以下「**海しる**」）」を新たに整備することとされました。

「**海しる**」は、海上保安庁が整備・運用を行ってきた海洋台帳等をシステムの基盤として活用し、この基盤に関係府省・機関が収集したさまざまな情報を追加し、広域性・リアルタイム性の向上を図るなど、利便性を高めたシステムです。海上保安庁では、内閣府総合海洋政策推進事務局の主導・支援のもと、「**海しる**」を整備し、平成31年4月に運用を開始しました。

海のデータ連携を推進する「海しる（海洋状況表示システム）」

「**海しる**」は、"海の今を知るために"さまざまな海洋情報を集約し、地図上で重ね合わせ表示できる情報サービスです。

船舶の運航管理や漁業、防災、海洋開発といったさまざまな分野で、「**海しる**」を通じて海のデータの共有・活用が進められるように、その内容を年々充実させてきました。

令和4年には、衛星による降水量や海面水温等のリアルタイム情報や、釣り中の人身海難防止に資する釣りの事故マップを新たに「**海しる**」に掲載しました。また、海洋データを「**海しる**」のマップ上に重ね「見せる」だけでなく、海運・水産・資源開発・マリンレジャー等の海洋関係事業者が開発するアプリでも情報を直接利用することができるよう、APIを公開しました。そのほか、海洋教育の推進に向けた海洋教育コンテンツを公開し、機能面での強化も図っているところです。

今後も、海のデータの総合図書館として、様々な分野の利用者のニーズに応えられるよう、掲載情報の充実や機能強化を進めていきます。

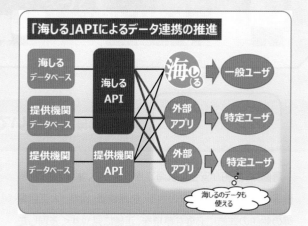

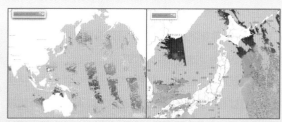

情報提供元：国土地理院、JAXA

今後の取組

引き続き、海洋調査によって得られた最新情報を基にして、**海図**等の水路図誌を刊行していきます。

また、**JODC**をはじめ、**海洋情報クリアリングハウス（マリンページ）**、**海しる**の管理・運用を適切に行うとともに、政府機関や関係団体等との連携を一層強め、掲載情報の充実や機能の拡充に努めます。これらの取組を通じて、目的に合わせて利用しやすい海洋情報の提供を推進していきます。

第十一管区海上保安本部 海洋情報監理課

Column 13
沖縄科学技術大学院大学（OIST）と連携 ～水路記念日における長官感謝状贈呈～

令和4年9月12日の水路記念日※1にあたり、多年にわたり海上保安庁の海洋情報業務に貢献した沖縄科学技術大学院大学（OIST）※2に対して、令和4年9月に海上保安庁長官感謝状を贈呈しました。

第十一管区海上保安本部とOISTは、平成24年3月に「業務協力に関する協定」を締結しました。以来、両機関は、10年以上にわたり連携して海洋の調査及び研究を行い、沖縄周辺海域における潮汐モデル及び海洋の流れのシミュレーションの開発など、様々な共同作業を進めてきました。

令和2年には、その一つの成果として、ダイビング等のマリンレジャーが盛んな、慶良間列島周辺の潮流モデルが開発されました。この成果は、本海域における当庁が行う海難発生時の捜索活動や漂流物の漂流経路の予測に活用されるほか、一般の方がマリンレジャー等に利用して頂くために、海上保安庁が運用する「海洋状況表示システム（海しる）」で視覚的に閲覧できます。

今後も第十一管区は、事務所も含めOISTと連携して国民の安全・安心に貢献していくこととしています。

※1 水路記念日とは
明治4年（1871年）9月12日、兵部省海軍部に、測量から海図作製までを一貫して行う水路業務（現在の海洋情報業務の基礎）を使命とする水路局が設置されました。これを記念して、9月12日が水路記念日となりました。
※2 沖縄科学技術大学院大学（OIST）とは
沖縄において世界最高水準の教育研究を行うことにより、①沖縄の振興と自律的発展、②世界の科学技術の発展への寄与を目的として、開学した大学院大学

海図について

海図は、船舶が安全に航海できるように、水深、底質、暗礁等の水路の状況、沿岸の地形、航路標識、自然・人工目標等の船舶の運航に必要な事項を、正確に見やすく表現した図であり、航海者にとっては欠くことのできないものです。このため、一部を除き船舶には、海図を備え付けることが法令により義務づけられています。

安全な航海のためには、海図を常に最新の状態に維持されなければなりません。海上保安庁では、海図の最新情報を毎週発行される水路通報によりインターネット等を通じて利用者に提供しています。

平成6年度からは、従来の紙の海図に加えて、航海用電子海図を作製、刊行しています。電子海図は海図情報を電子化したもので、専用の表示装置を使用することで、自船の位置や航跡等を画面に表示でき、また、危険な海域に接近したときの警報により、安全で効率的な航海ができるようになります。

国際水路機関（IHO）では、現在の形式よりも高度な利用が可能になる航海用電子海図の仕様（S-101形式）の開発を進めています。S-101形式の航海用電子海図は、様々な海洋情報と重ね合わせることが可能になる見込みです。海上保安庁においても、国際的な動向を踏まえ、より高度な航海用電子海図の提供に向けて取り組んでいきます。

◆ 将来の電子海図表示システムのイメージ

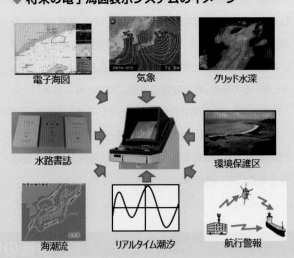

電子海図　気象　グリッド水深
水路書誌　環境保護区
海潮流　リアルタイム潮汐　航行警報

電子海図上に様々な情報を重ね合わせることが可能

海上交通の安全を守る

6

我が国の周辺海域では、毎年約2,000隻の船舶事故が発生しています。ひとたび船舶事故が発生すると、尊い人命や財産が失われるとともに、我が国の経済活動や海洋環境に多大な影響を及ぼすこともあります。

令和5年3月28日、交通政策審議会から第5次交通ビジョンとして「新たな時代における船舶交通をはじめとする海上の安全のための取組」が答申されました。本ビジョンでは、海上の安全を取り巻く環境の変化やデジタル技術などの進展を踏まえ、今後5年間に取り組むべき事項と目標が示されました。

海上保安庁は、本ビジョンに基づき、海上安全の向上のための取組を強力に推進していきます。

第5次交通ビジョン
～今後取り組むべき事項とビジョン目標～

海上の安全をめぐる環境の変化
- 自然災害の激甚化、頻発化
- 洋上風力発電の増加
- マリンレジャーの活発化、多様化
- XRの活用の広がり
- 次世代エネルギー船舶燃料の進展
- 自動運航船の実用化の進展
- VDESに関する進展
- WEBをはじめとするデジタルメディアの普及

各分野における重点的に取り組むべき施策
- 船舶交通安全に関する諸施策
- 海上交通基盤の充実強化
- マリンレジャーに関する安全対策

船舶事故に係る計画目標
- ふくそう海域における大規模な船舶事故の防止
- ふくそう海域における衝突、乗揚げ事故隻数の減少
- 船舶事故隻数の減少

CHAPTER I 海難の現況

CHAPTER II ふくそう海域・港内等の安全対策

CHAPTER III マリンレジャー等の安全対策

CHAPTER IV 航行の安全のための航路標識と航行安全情報の提供

CHAPTER I 海難の現況

令和4年の現況

◆ 船舶事故

令和4年の船舶事故（アクシデント※）隻数は1,840隻であり、船舶事故に伴う死者・行方不明者数は66人となっています。

船舶事故の特徴として、プレジャーボートによる事故が1,065隻と最も多く、全体の約6割を占め、海難種類別では、運航不能の事故が882隻と最も多く全体の約5割を占めています。

※以後、船舶事故（アクシデント）は、船舶事故と表記する。

◆ 船舶事故隻数、船舶事故による死者・行方不明者数の推移

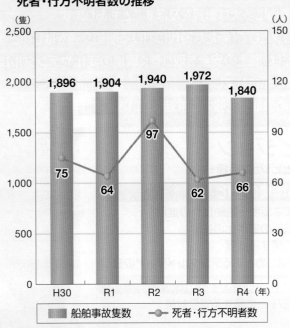

◆ 船舶事故の海難種類別の割合

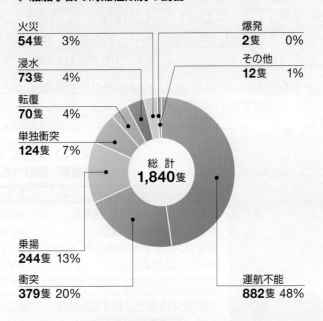

火災 **54**隻 3%
浸水 **73**隻 4%
転覆 **70**隻 4%
単独衝突 **124**隻 7%
乗揚 **244**隻 13%
衝突 **379**隻 20%
爆発 **2**隻 0%
その他 **12**隻 1%
運航不能 **882**隻 48%

総計 **1,840**隻

◆ 船舶事故の船舶種類別の割合

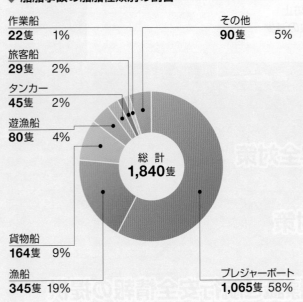

作業船 **22**隻 1%
旅客船 **29**隻 2%
タンカー **45**隻 2%
遊漁船 **80**隻 4%
その他 **90**隻 5%
貨物船 **164**隻 9%
漁船 **345**隻 19%
プレジャーボート **1,065**隻 58%

総計 **1,840**隻

◆ 船舶事故の海難原因別の割合

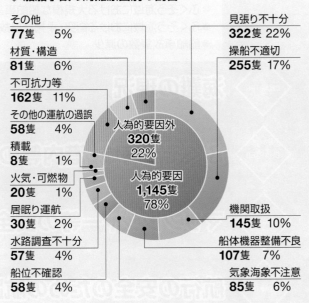

その他 **77**隻 5%
材質・構造 **81**隻 6%
不可抗力等 **162**隻 11%
その他の運航の過誤 **58**隻 4%
積載 **8**隻 1%
火気・可燃物 **20**隻 1%
居眠り運航 **30**隻 2%
水路調査不十分 **57**隻 4%
船位不確認 **58**隻 4%
見張り不十分 **322**隻 22%
操船不適切 **255**隻 17%
機関取扱 **145**隻 10%
船体機器整備不良 **107**隻 7%
気象海象不注意 **85**隻 6%

人為的要因外 **320**隻 22%
人為的要因 **1,145**隻 78%

＊民間救助機関のみが対応したものを含まない。

◆ 人身事故

　令和4年の人身事故者数（自殺、病気等を除く）は1,284人であり、人身事故に伴う死者・行方不明者数は478人となっています。人身事故の特徴としてマリンレジャーに伴う海浜事故が484人と全体の約4割を占め、マリンレジャーに伴う海浜事故の活動内容別では釣り中の事故が163人と最も多く、次いで、遊泳中の事故が162人となっており、いずれもマリンレジャーに伴う海浜事故全体の3割以上を占めています。

◆ 人身事故者数、人身事故による死者・行方不明者数の推移

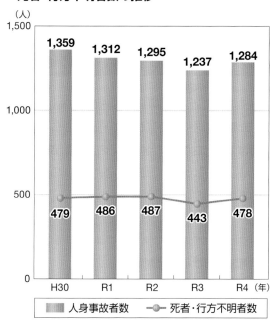

◆ 人身事故の区分別の割合

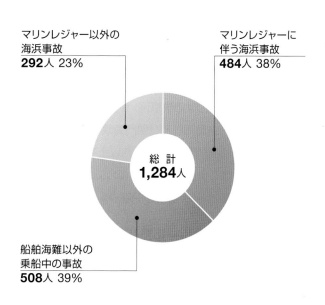

マリンレジャー以外の海浜事故
292人 23%

マリンレジャーに伴う海浜事故
484人 38%

総　計
1,284人

船舶海難以外の乗船中の事故
508人 39%

◆ マリンレジャーに伴う海浜事故の活動内容別の割合

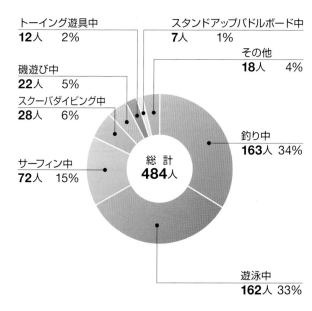

トーイング遊具中
12人 2%

スタンドアップパドルボード中
7人 1%

その他
18人 4%

磯遊び中
22人 5%

スクーバダイビング中
28人 6%

釣り中
163人 34%

サーフィン中
72人 15%

総　計
484人

遊泳中
162人 33%

◆ 釣り中の海中転落者のライフジャケット着用の有無による死者・行方不明者と生存者の割合（過去5年間）

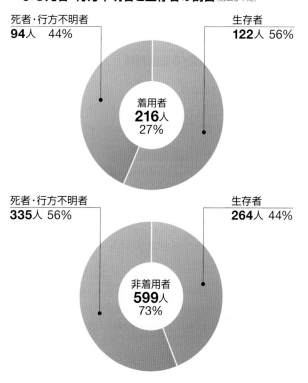

死者・行方不明者
94人 44%

生存者
122人 56%

着用者
216人
27%

死者・行方不明者
335人 56%

生存者
264人 44%

非着用者
599人
73%

6

海上交通の安全を守る

海上交通の安全を守る

CHAPTER II ふくそう海域・港内等の安全対策

海上保安庁では、海上交通の安全確保を図るため、海上交通ルールを遵守するように指導を行っており、特に、船舶交通がふくそうする海域においては、航路を閉塞するような社会的影響が著しい大規模な船舶事故の発生数を「ゼロ」とすることを目標として、**海上交通センター**において24時間体制で的確な情報提供や航行管制を行い、船舶事故の未然防止に努めています。

令和4年の現況

船舶交通がふくそうする東京湾・伊勢湾・名古屋港・大阪湾・備讃瀬戸・来島海峡及び関門海峡での船舶事故隻数は740隻*と、船舶事故全体の4割以上を占めております。これらの海域で事故が発生した場合には、尊い人命や財産が失われるとともに、航路の閉塞や交通の制限により

物資輸送が滞ることで、国際貨物輸送の99％以上（重量ベース）を海上輸送に頼る我が国の経済活動に大きな影響を及ぼすこととなります。海上保安庁では、**ふくそう海域**等での海上交通の安全を確保するため、次の取組を実施しています。

*民間救助機関等が対応した海難隻数を除く

① 海域毎の交通ルール及び安全対策

海上の交通ルールには、基本的なルールを定めた「海上衝突予防法」のほか、特別なルールとして東京湾・伊勢湾・大阪湾を含む瀬戸内海に適用される「**海上交通安全法**」、法令で定める港に適用される「**港則法**」があります。海上保安庁では、これらの法令を適切に運用することで、海上交通の安全確保を図っています。

ふくそう海域における安全対策

海上交通の要衝となっている東京湾・伊勢湾・名古屋港・大阪湾・備讃瀬戸・来島海峡及び関門海峡には、**海上交通センター**を設置して、船舶の動静を把握し、航行の安全に必要な情報の提供や、大型船舶の航路入航間隔の調整を行うとともに、巡視船艇との連携により、通航方式に従わない船舶への指導等を実施しています。

◆ ふくそう海域における安全対策

海上交通センターの配置図

海上交通センターの主な業務
レーダー、AIS（船舶自動識別装置）、VHF無線電話等により船舶の安全航行に必要な情報の収集と提供等を実施。平成22年7月1日からは港則法又は海上交通安全法に基づく、情報提供、勧告、指示を実施

令和4年度観測地別の通航船舶隻数（1日平均）

関門海峡（早鞆瀬戸）	380隻
来島海峡	449隻
備讃瀬戸東部	495隻
明石海峡	551隻
伊良湖水道	290隻
速吸瀬戸西部	64隻
備讃瀬戸西部	448隻
鳴門海峡	271隻
友ケ島水道	314隻
浦賀水道	400隻

※ 上段は調査海域名、下段の数字は通航船舶隻数（1日平均）
※ □□ は主要水道
※ 1日平均は、主要水道については2日間（48時間）観測した総通航隻数の内、1日（24時間）の平均隻数を算出 その他の海域については、1日（24時間）観測した総通航隻数

港内における安全対策

港則法に基づき、全国の87港を特定港に指定し、船舶の入出港状況の把握、危険物荷役の許可、停泊場所等の指定を行っており、また、一部の港においては船舶の出入港管制を行っております。

沿岸における安全対策

AISを活用した航行安全システムを運用し、日本沿岸において乗揚げや**走錨**のおそれのある**AIS**搭載船に対して注意喚起や各種航行安全情報を提供しています。

❷ 海上交通安全法等の一部を改正する法律

近年の台風等の異常気象が激甚化・頻発化する状況を踏まえ、さらなる事故防止対策の強化のため、令和3年7月1日に施行された**海上交通安全法**等の一部を改正する法律により、

- 異常な気象・海象が予想される場合の勧告・命令制度
- **海上交通センター**による情報提供、危険回避措置の勧告制度

などが創設されました。

これにより、特に勢力の強い台風などが東京湾、伊勢湾、大阪湾を含む瀬戸内海を直撃すると予想される場合、大型船等の一定の船舶に対し、湾外などの安全な海域への避難勧告（湾外避難等勧告）を発出することなどができるようになりました。

また、それぞれの海域に、海上保安庁、行政機関、海域利用者等からなる協議会が設置され、勧告の対象となる台風の規模など具体的な運用ルールをあらかじめ策定し、台風が実際に直撃した際に円滑かつ迅速に対応できる体制を整えました。

◆ 創設された制度の概要

異常な気象・海象が予想される場合の勧告・命令制度（海上交通安全法第32条）

- 特に勢力の強い台風の直撃が予想される際、大型船等の一定の船舶※に対し、**湾外などの安全な海域への避難や入湾の回避**の勧告を実施。
- 台風等の接近の際、湾内等にある船舶に対し、**一定の海域における錨泊の自粛や走錨対策の強化**の勧告を実施。

※主に船体形状や大きな風圧面により風の影響を強く受ける船舶
目安としては長さ160m以上の自動車運搬専用船、コンテナ船、タンカー、長さ200m以上の貨物船など

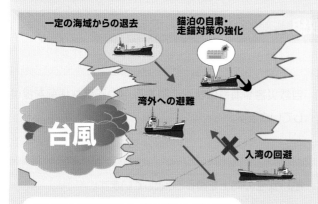

それぞれの海域に設置した、海上保安庁、海事・港湾関係者、行政機関で構成する**協議会**において、必要に応じて、以下について協議・調整を図る。（海上交通安全法第35条）
- 避難の**対象となる台風**
- 避難の**時期や対象船舶**
- 勧告発出時の**連絡・周知**の体制 等

湾外へ避難させる必要がある船舶に対しては、港外避難と湾外避難の勧告・命令を海上保安庁長官が一体的に実施。

海上交通センターによる情報提供、危険回避措置の勧告制度（海上交通安全法第33条・第34条、港則法第43条・第44条）

- 臨海部における施設等周辺の一定の海域※において錨泊、航行等する個別の船舶に対し、走錨のおそれなど事故防止に資する情報を提供し、その情報の聴取を義務付け。
- 船舶同士の異常な接近等を認めた場合に、当該船舶に対し危険の回避の勧告を実施。

※京浜港横浜・川崎沖、東京湾アクアライン周辺海域（令和4年4月1日現在）

各海域や各海域において対象となる施設の詳細は「走錨事故防止ポータルサイト」をご覧ください。

走錨事故防止ポータルサイト

6 海上交通の安全を守る

「湾外避難等勧告」の初運用

令和4年9月、勢力の強い台風が立て続けに発生し、日本各地で猛威を振るいました。

大型で非常に強い台風11号の九州・中国地方への接近を受け、海上保安庁では、令和3年7月の改正**海上交通安全法**により制度化された「湾外避難等勧告」を「瀬戸内海西部海域」を対象として全国で初めて発出しました。

また、大型で猛烈な台風14号が接近した際には、「瀬戸内海西部海域」、「瀬戸内海中部海域」、「大阪湾」の3つの海域を対象として同勧告を発出しました。

同勧告発出にあっては、各海域に設置された協議会で予め策定された運用ルールに基づき、協議会構成員との協議を重ねたうえで行っています。

同勧告発出後は、管区海上保安本部や海上保安部署、**海上交通センター**により、安全情報の提供や対象船舶の動静を把握するなど、同勧告解除まで緊迫した状況が続きましたが、これら台風の接近に伴う大型船舶の海難は発生することなく、一連の対応が奏功し船舶事故の未然防止に寄与しました。

海上保安庁としましては、引き続き台風等の異常気象時における船舶交通の安全確保に努めてまいります。

協議会開催状況

今後の取組

◆ 海域の監視・情報提供体制の強化

船舶事故の未然防止を図るため、レーダーや監視カメラ等、海域の監視体制を強化するとともに、船舶に対して、自然災害や海域の状況に関する、より正確な情報を提供していきます。

◆ 船舶の航行安全のための技術開発

航行管制業務において、船舶の衝突、乗揚げ、**走錨**等の危険を回避するための新たな技術開発を推進し、船舶の航行安全の向上を図ることとしています。

◆ 自動運航船に係る検討の実施

近年、世界的に自動運航船に対する関心が高まってきており、我が国においても令和7年までの実用化を目指し、技術開発等が進められています。このような状況をふまえ、海上保安庁では、**国際海事機関（IMO）**や関係国の海事機関等による自動運航船関連の会議に参加しているほか、国内では関係省庁や海事関係者が集まる会議に参加するなどして、自動運航船の実用化を見据えた海上交通ルールに関する検討を行っています。

引き続き、国内外の技術開発の動向を把握しつつ、必要な課題について検討を行っていきます。

CHAPTER Ⅲ マリンレジャー等の安全対策

海上保安庁では、船舶の運航及びマリンレジャー等の沿岸海域における活動に伴う事故の減少を目指しています。

特に、船舶事故の約6割を占めるプレジャーボートの事故や、カヌー、SUP（スタンドアップパドルボード）、遊泳、釣り等のマリンレジャー中の事故に対して積極的な海難防止活動を行っています。

令和4年の現況

海難防止活動

海難を防止するためには、船舶操縦者やマリンレジャー愛好者の安全意識の向上を図ることが重要です。

このため、海上保安庁では、国の関係機関や民間の関係団体と連携し、漁港やマリーナ等における訪船指導や海難防止講習会、小中学生を対象とした海上安全教室の開催、安全啓発リーフレットや、SNS等拡散効果の高い媒体を使用した情報提供を行っています。また、アクティビティごとの事故防止のための情報をまとめた総合安全情報サイト「**ウォーターセーフティガイド**」を開設し、ミニボート、水上オートバイ、カヌー、SUP、釣り、遊泳、スノーケリングの7つのアクティビティについて公開しているほか、新たに、**海洋状況表示システム「海しる」**において陸釣りや船釣りで過去に事故を確認した場所を日本地図上に表示した「釣り事故マップ」を公開して、海中転落等の事故情報をわかりやすく発信しています。

更に、近年のマリンレジャーの活発化・多様化に対応するため、民間団体等に所属する各マリンレジャーの専門家の知見を活用して、現場における訪船指導や海難防止講習会を行う海上保安官のマリンレジャーに対する見識を深め、適切で効果的な啓発活動を行うための研修を行い、海上保安官の現場指導能力の向上を図っています。

そのほか、経験の浅い方に対する安全啓発を関係団体が主体となり推進していくために立ち上げた「SUP安全推進プロジェクト」や舟艇及び水上安全等に関わる官民の団体が集い、水難事故の防止に関する情報共有や効果的な連携方法について議論等を行い、更なる海難防止と安全対策の向上を図ることを目的としている「日本水上安全・安全運航サミット（JBWSS）」といった枠組みに参画、支援し、安全対策の向上に取組んでいます。また、情報発信力のある業界団体や愛好者と連携し、当庁が実施する安全講習会の模様をSNSで広く発信してもらうなど、より効果的・効率的に安全啓発活動を行っています。

また、マリンレジャー活動が活発となる夏季には、「海の事故ゼロキャンペーン」を実施し、官民の関係者が一体となって海難の未然防止を図るなど、重点期間を定め効果的な啓発活動を行っております。

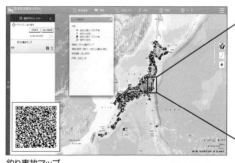

釣り事故マップ

「海の事故ゼロキャンペーン」ポスター

「シーバードJAPAN」と連携した合同パトロール

安全教室の状況

訪船指導の状況

6 海上交通の安全を守る

海上交通の安全を守る

❷ 海上安全指導員

プレジャーボートによる事故を防止するためには、海上保安庁のみならず、愛好者が自助、共助の考えに基づく対応をとることが重要です。

海上保安庁では、昭和49年から、プレジャーボートの安全運航のため、指導・啓発等の安全活動を積極的に行っている方々を「**海上安全指導員**」として指定しており、全国で約1,500名（令和4年12月末時点）の**海上安全指導員**が活動しています。

また、近年、活発化・多様化しているマリンレジャーに対応していくため、**海上安全指導員**の制度と併存する安全啓発に主体的に取り組むマリンレジャー愛好者や関連事業者の個人や団体との協働による安全啓発の枠組みについて検討を進めています。

海上安全指導員との合同パトロール状況

海上安全指導員が安全啓発活動時に用いるグッズ

▲安全パトロール旗

▲安全パトロールステッカー

▲海上安全指導員手帳

▲腕章

YouTubeを活用した安全啓発動画の配信

海上保安庁では、より多くの国民の皆様に効果的な周知啓発を行うため、YouTubeを活用して安全啓発動画を配信しています。

安全啓発動画は、「3分でわかるマリンレジャーの安全対策」をコンセプトとし、マリンレジャーを楽しむうえでの注意点など有用な情報を掲載しています。

第1弾としては、「釣り」に着目した安全啓発動画を配信しており、順次SUPなどのマリンレジャーについても配信を行っていきます。

【楽しく学ぶシリーズ第1弾】
知ってほしい！釣りに行くときに注意すること

楽しく学べる！安全情報ツール「ウォーターセーフティガイド」

　国民の皆様に事故なく、安全にマリンレジャーを楽しんでいただけるよう、海上保安庁公認の「海の安全推進アドバイザー」※にご協力いただき、それぞれの専門とするレジャーに関する情報や安全に関する情報など、読めばより楽しめる様々なコラムを定期的に掲載しています。

　また、スノーケリングによる事故が、他のマリンレジャーに比べて死亡率が非常に高いことから、新たにスノーケリング編を開設し、スノーケリングの安全に係る基本的な知識や技術について掲載しました。

※海の安全推進アドバイザーとは、沿岸域で発生する事故の未然防止並びに事故発生後の救助・救命体制の充実・強化を目的に設置した海の安全推進本部において、様々なアクティビティについて専門的・技術的な知見を有する者を委嘱し、安全対策への助言や協力をしていただいています。

ウォーターセーフティガイド

民間主導によるSUP安全推進プロジェクトの立ち上げ

　近年、SUP中の海難（帰還不能）が多発している中、令和3年9月には、SUPツアー中にツアー客1名が漁船と衝突して死亡した事案が発生しました。SUP海難多発の背景には、手軽に始められるマリンレジャーとして急に人気が高まり、経験の浅い方がインストラクターなどからレクチャーを受けずに海難に遭うという事案が多かったところ、本件はインストラクターが同行している中での海難でした。

　この状況を鑑み、海上保安庁では早急かつ広範囲に対策を講じる必要があると考え、全国各地のSUP振興団体が安全なレジャー活動推進の中心となる枠組みづくりのため、全国規模のSUP関係7団体及び関係省庁で構成する「SUP安全対策会議」を開催しました。

　同会議では、経験の浅い方に対する安全啓発のほか、インストラクター養成に係る安全管理の基本的事項の策定等を行うため、全国規模では初となる民間主導による「SUP安全推進プロジェクト」を立ち上げることとなりました。本推進プロジェクトでは、上記関係7団体のほか、取組に賛同する53のショップ等（令和5年1月1日現在）が主体となり、SUPの安全啓発を行っています。

SUP安全推進マーク

全国のSUP安全推進プロジェクト推奨団体

❸ 「海の安全情報」の提供

海上保安庁では、海難を防止することを目的として、プレジャーボートや漁船等の操縦者、海水浴や釣り等のマリンレジャー愛好者等に対して、ミサイル発射や港内における避難勧告等に関する緊急情報、海上工事や海上行事等に関する海上安全情報、気象庁が発表する気象警報・注意報、全国各地の灯台等で観測した気象現況(風向、風速、気圧及び波高)、海上模様が把握できるライブカメラ映像等を「**海の安全情報**」としてパソコン、スマートフォン及び電話で提供しています。

特に、スマートフォン用サイトでは、GPSの位置情報から現在地周辺の緊急情報、気象の現況等を地図画面上に表示することで、利用者が必要な情報を手軽に入手することができます。

また、緊急情報、気象警報・注意報及び気象現況については、事前に登録されたメールアドレスに配信するサービスを提供しています。

さらに、より多くの利用者に情報を知らせるため、英語ページの開設、Lアラート*へ配信するなどのサービスも提供しています。

*災害時における迅速かつ効率的な情報伝達を目的として、国や地方公共団体等が発する災害情報等を多様なメディアに一斉配信するための、一般財団法人マルチメディア振興センターが運営する共通基盤システム。

◆ 海の安全情報

パソコンやスマートフォン、携帯電話から、簡単にアクセスできます。　海の安全情報　で　検索

パソコン用サイト
https://www6.kaiho.mlit.go.jp/

スマートフォン用サイト
https://www6.kaiho.mlit.go.jp/sp/index.html

携帯電話用サイト
https://www6.kaiho.mlit.go.jp/m/index.html

緊急情報配信サービス
https://www7.kaiho.mlit.go.jp/micsmail/reg/touroku.html

今後の取組

ウォーターセーフティガイドの充実強化

近年、プレジャーボートの海難が多発しており、その中でも機関故障による海難が最も多く発生しています。また、小型船舶操縦士試験合格者数の増加に伴い、操船経験の浅い方による事故が増加傾向にあるため、**ウォーターセーフティガイド**に、新たにビギナー船長向けに分かりやすく即活用できる安全情報をコンセプトした「モーターボート編」を新設することで、プレジャーボート愛好者に対する啓発活動を行っていくこととしています。

安全啓発に取り組む愛好者、団体等との協働

マリンレジャーに対する安全啓発活動について、関係省庁や自治体などの関係機関のみならず、愛好者や愛好者団体などの協力を得て、情報発信力のあるSNS等を活用した安全情報の発信やイベント等での注意喚起など、安全の呼びかけを自発的に行う体制を構築し、安全啓発活動の範囲拡充を図ります。

航行の安全のための航路標識と航行安全情報の提供

　海上保安庁では、船舶交通の安全と運航能率の向上を図るため、灯台をはじめとする各種航路標識を整備し管理しているほか、さまざまな手段を用いて、航海の安全に必要な情報を迅速かつ確実に提供し、船舶事故の未然防止に努めています。

令和4年の現況

 航路標識の運用

　船舶が安全かつ効率的に運航するためには、常に自船の位置を確認し、航行上の危険となる障害物を把握し、安全な進路を導く必要があります。海上保安庁では、このための指標となる灯台等の航路標識を全国で5,134基運用しています。

　航路標識は、灯台や灯浮標（ブイ）等さまざまな種類があり、光、形状、彩色等の手段により、我が国の沿岸水域を航行する船舶の指標となる重要な施設であり、国際的な基準に準拠して運用しています。

◆ **航路標識の設置例**

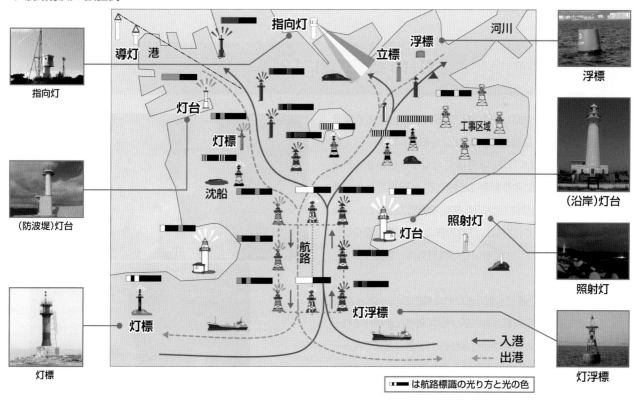

② 航路標識の活用

　地方公共団体等による灯台の観光資源としての活用等を積極的に促すことにより、海上安全思想の普及を図り、これを通じて地域活性化にも一定の貢献を果たしていくこととしています。

　加えて、地域のシンボルとなっている灯台を活用した地域連携や、全国に64基現存している明治期に建設された灯台の保全を行っています。

　令和4年には、参観灯台（いわゆる「のぼれる灯台」）が所在する4つの自治体（志摩市、銚子市、御前崎市、出雲市）が発起人となり、歴史的な灯台を観光振興に活かす方策を議論する「灯台ワールドサミット」が、令和4年11月5日に静岡県御前崎市において3年ぶりに開催され、同サミットに合わせ御前埼灯台の特別公開など行いました。その他にも、航路標識協力団体と連携した活動やメディアを利用した活動など海上保安庁では、国民の皆様に灯台に親しんでいただくための取組を行っています。

御前埼灯台特別公開

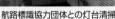

航路標識協力団体との灯台清掃

灯台が結婚式場に！？

　明治4年に初点灯した九州初の西洋式灯台である伊王島灯台（長崎県長崎市）を舞台に、令和4年11月5日人前結婚式が行われました。本件は灯台女子を自称する新婦が切望したことにより実現したもので、航路標識協力団体を希望する地元団体（令和5年航路標識協力団体として指定）の協力を得て、当日は、灯台内部の公開、記念品のプレゼント、リクエストによる制服での職員列席・写真撮影などを行いました。

　挙式では、灯台扉付近まで敷かれた純白のバージンロードの両側で多くの列席者が待ち受ける中、新郎と新婦がそれぞれ登場し列席者の祝福を受けながら、灯台扉付近まで進み一礼のうえ、設置当時の伊王島灯台の基礎部が今も残る岬側へと向かい、長崎港を一望し、2人の未来を誓い合いました。

14 Column

点灯75周年記念 普代村と合同で陸中黒埼灯台塗装を実施

昭和22年4月に地元漁船の安全操業のため「普代灯柱」が建設され、地元の漁協により管理されておりました。その後、昭和41年6月に名称を「陸中黒埼灯台」に改め、現在は釜石海上保安部によって維持・管理され、令和4年4月には点灯開始から75周年を迎えました。

令和元年には「恋する灯台」に認定され、「燈の守り人」としてオリジナルキャラクターが設定されるなど、普代村の海の道しるべや観光の目玉としても利活用されております。

しかしながら、灯台は経年により表面に細かい苔や汚れが目立ち、特に囲障はほぼペンキが剥がれ、コンクリートがむき出しとなっており少し古ぼけた印象となっておりました。

そこで、地域を支え、地域に愛される灯台の美観を確保するため、点灯75周年記念イベントとして、釜石海上保安部と地元住民が一体となって行う合同塗装を計画しました。

合同塗装の計画書を普代村役場に説明すると、本イベントに快諾いただき、当部としても船の安全航行や観光拠点としての「陸中黒埼灯台」の重要性について再認識することができました。

合同塗装当日は晴天に恵まれ、青空の中、村長をはじめとした村の幹部職員十数名と地元小学生に参加いただき、釜石海上保安部職員とともに作業を実施、灯台は見事、建設当時を偲ばせるような真っ白な姿を取り戻しました。

陸中黒埼灯台は、これからも普代村の海の道しるべとして、また、普代村の観光のシンボルとして活躍していくことが期待されます。

6

海上交通の安全を守る

バーチャルAIS航路標識の緊急表示制度の初運用

　令和3年7月、海上保安庁は、台風等の異常気象時における船舶の事故防止対策の一環として、バーチャルAIS航路標識を一時的に表示する制度を創設しました。

　本制度は、平成30年9月、関西国際空港の連絡橋にタンカーが衝突した事故をきっかけとして、台風、津波その他の異常気象によって視界の悪化が見込まれる場合に、海上空港やシーバース(注1)、石油備蓄基地などの海上施設の付近に当該施設の管理者又は当庁が管理者に代わってバーチャルAIS航路標識を一時的に表示することで、施設への船舶衝突事故の未然防止を図るものです。

　令和4年9月、大型で猛烈な強さの台風第14号が近畿地方に接近することが予測されたため、阪神港堺泉北区に所在するシーバースの管理者からバーチャルAIS航路標識を当庁が管理者に代わって表示することの申出があり、船舶の避難勧告等の発令に合わせて、制度創設後初となるバーチャルAIS航路標識の緊急表示を実施しました。

　緊急表示は、船舶の航海用レーダー画面上に施設の付近にあたかも航路標識が実在するかのようなシンボルマーク（バーチャルAIS航路標識）を表示させて施設の存在をみえる化し、「衝突の危険があるので施設から離れて航行してください」「錨泊する際は、施設の周辺を避けてください」との意図を伝えます。

　バーチャルAIS航路標識を緊急表示したことなどによって、船舶が施設に接近して航行したり、施設の近くに錨泊することが回避され、台風の強風にあおられて針路を保てなくなったり走錨(注2)したりして施設に衝突する事故を防ぐことができました。

　今後も異常気象による船舶の事故を防止するため、本制度を適切に運用し、海上交通の安全性向上を実現します。

(注1)大型タンカーが横付けして石油や天然ガスを荷揚げする施設
(注2)錨泊した状態で風浪によって錨（いかり）を引きずりながら押し流されること

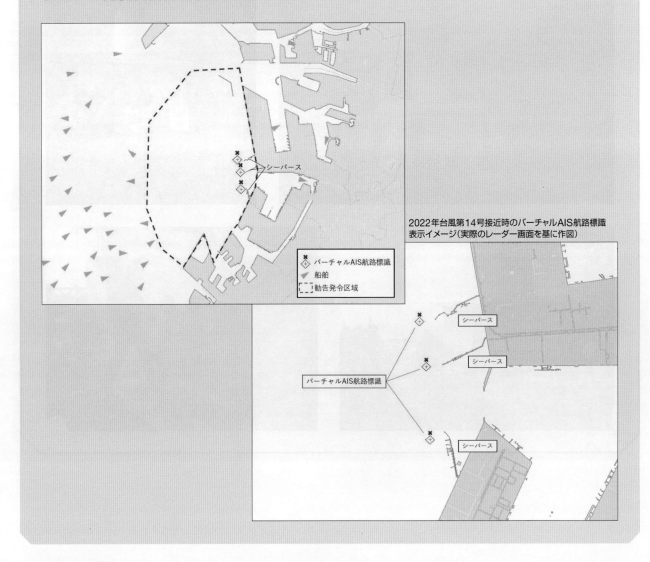

2022年台風第14号接近時のバーチャルAIS航路標識
表示イメージ（実際のレーダー画面を基に作図）

第5次交通ビジョンの策定

海上保安庁交通部では、平成30年に策定された第4次交通ビジョンに基づき、海上交通の安全の更なる向上のための取組を精力的に推進してきました。

一方で、近年の海上の安全を取り巻く環境は、台風、地震等の自然災害の激甚化、頻発化や、新型コロナウイルス感染症の流行を背景としたマリンレジャーの活発化、地球温暖化対策として次世代エネルギーの活用や再生可能エネルギーの利用促進、自動運航船の実用化に向けた取組の着実な進展、海上の安全に資する技術の進展など、目覚ましく変化しています。

このように様々な環境が変化する中、新たな時代の要請に的確に応えていくため、令和4年5月に国土交通大臣が交通政策審議会長へ「新たな時代における船舶交通をはじめとする海上の安全のための取組」について諮問し、令和5年3月に交通政策審議会長より答申がなされました。

海上保安庁交通部では、答申に基づき策定された第5次交通ビジョンの施策を着実に推進し、環境の変化や新たな時代の要請に的確に対応しながら、国民生活にとって欠かせない海上の安全の確保に取り組んでいくこととしております。

【第5次交通ビジョンにおける主な取組】

自然災害の激甚化、頻発化への対応
- 大阪湾**海上交通センター**の監視、情報提供体制の強化の継続
- 灯台等の耐災害性の強化の推進など

次世代エネルギー船舶燃料の進展
- 次世代燃料船への燃料供給に対する安全対策

洋上風力発電の増加
- 洋上風力発電設備の設置海域における安全対策

自動運航船の実用化の進展
- 自動運航船の実用化に向けた安全対策

マリンレジャーの活発化、多様化
- プレジャーボートの機関故障対策など

新たな技術の進展
- VDESによる新たな情報提供の検討
- WEBによる通報手段の導入など

船舶交通安全部会審議状況

◆ 第5次交通ビジョンの概要

大阪湾海上交通センターの機能強化

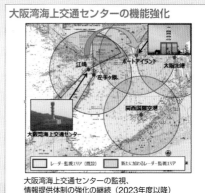

大阪湾海上交通センターの監視、情報提供体制の強化の継続（2023年度以降）

VDESによる新たな情報提供の検討

VDESを用いた情報提供（船橋側のイメージ図）

WEBによる通報手段の導入

【Web導入】

通報 → 自動 → 航路管制業務システム

1通報あたり約5分

通報手続き及び受付処理（イメージ図）

次世代燃料船への燃料供給に対する安全対策

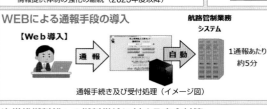

LNGバンカー船による燃料供給（イメージ図）

プレジャーボートの機関故障対策

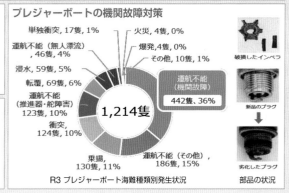

1,214隻

- 単独衝突, 17隻, 1%
- 火災, 4隻, 0%
- 運航不能（無人漂流）, 46隻, 4%
- 爆発, 4隻, 0%
- その他, 10隻, 1%
- 浸水, 59隻, 5%
- 転覆, 69隻, 6%
- 運航不能（機関故障）442隻, 36%
- 運航不能（推進器・舵障害）123隻, 10%
- 衝突, 124隻, 10%
- 乗揚, 130隻, 11%
- 運航不能（その他）186隻, 15%

破損したインペラ / 新品のプラグ / 劣化したプラグ / 部品の状況

R3 プレジャーボート海難種類別発生状況

6 海上交通の安全を守る

海上交通の安全を守る

③ 水路図誌、水路通報、航行警報

水路図誌

海上保安庁では、水深や浅瀬、航路の状況といった航海の安全に不可欠な情報を、**海図**等の水路図誌として提供しています。

水路通報

航路標識の変更、地形及び水深の変化等、水路図誌を最新に維持するための情報や、船舶交通の安全のために必要な情報を**水路通報**としてインターネット等で提供しています。令和4年は約19,400件を提供しました。

航行警報

航路障害物の存在等、船舶の安全な航海のために緊急に周知が必要な情報を**航行警報**として衛星通信、無線放送、インターネット等で提供しています。

また、利用者が視覚的に容易に情報を把握することができるよう、警報区域等を地図上に表示したビジュアル情報をインターネットで提供しています。

◆ 水路通報・航行警報位置図ビジュアルページ

船舶交通安全情報（水路通報・航行警報）
https://www1.kaiho.mlit.go.jp/TUHO/tuho2.html

水路通報・航行警報位置図ビジュアルページ
https://www1.kaiho.mlit.go.jp/TUHO/vpage/visualpage.html

水路通報・航行警報位置図ビジュアルページ（スマートフォン向け）
https://www1.kaiho.mlit.go.jp/TUHO/vpage/mobile/visualpage.html

◆ 水路通報・航行警報の概念図

◆ 航行安全情報の種類と提供範囲

■ 水路通報
海図等の水路図誌を最新維持するための情報、船舶交通の安全及び環境保全に影響を与える可能性のある情報を提供。

■ 管区水路通報
各海上保安本部の担任水域及びその周辺海域における船舶交通の安全に必要な情報を提供。

■ NAVAREA XI航行警報
世界的な枠組みで実施され、全世界を21の区域に分け我が国は第11区域の調整国として区域内の情報収集を行い情報を提供。

■ NAVTEX航行警報
距岸約560キロ以内の沿岸海域における船舶交通の安全のため緊急に必要な情報を提供。

■ 地域航行警報
各管区海上保安本部の担任水域内の港の区域及びその付近海域における船舶交通安全のため緊急に必要な情報を提供。

■ 日本航行警報
太平洋、インド洋における日本船舶への交通安全のため緊急に必要な情報を提供。
ビジュアル情報の提供は、この範囲で実施。

今後の取組

航路標識の老朽化、防災対策

海上交通の安全を守る重要なインフラである灯台等の老朽化が進行していることからライフサイクルコストを意識した点検診断及び修繕を的確に行い、灯台等の長寿命化を図ります。

また、激甚化、頻発化する自然災害に対し、灯台等の倒壊事故を未然防止するため、基礎部等に海水等が侵入し倒壊の蓋然性が高い灯台等に対し、海水浸入防止整備を推進します。

航路標識に関する技術開発

自然災害の激甚化、頻発化に対する耐災害性強化や保守の省力化のため、高輝度LEDの光力不足等の技術的課題を解消しつつ、大型灯台のほか照射灯や指向灯にも高輝度LEDの導入を推進します。

灯浮標の流出等の異常を早期に発見するため、灯浮標の流失や蓄電池電圧なども監視する新たな監視装置への更新を推進します。

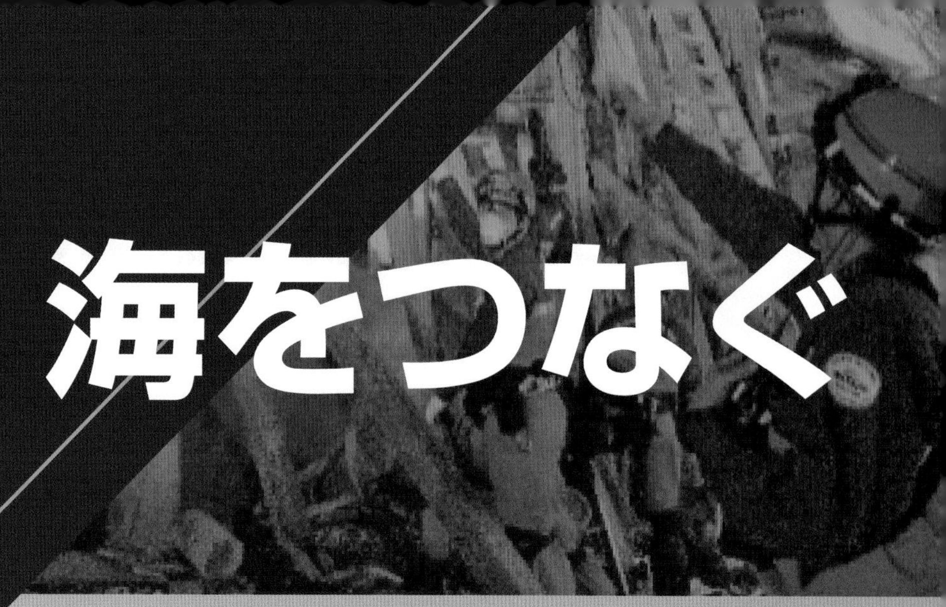

海をつなぐ

四方を海に囲まれ、世界有数の海洋国家である我が国にとって、海でつながる諸外国と連携・協力を図り、海で発生するさまざまな問題を円滑に解決することは非常に重要です。海上保安庁では、諸外国の海上保安機関との間で、多国間・二国間の枠組を通じ、**海賊**、不審船、密輸・密航、海上災害、海洋環境保全といったあらゆる課題に取り組み、「自由で開かれたインド太平洋(Free and Open Indo-Pacific:FOIP)」の実現に向けて、法の支配に基づく自由で開かれた海洋秩序の維持・強化を図るとともに、シーレーン沿岸国の海上保安能力向上を支援するほか、国際機関と連携したさまざまな取組を行っています。

令和4年度は、新型コロナウイルス感染症の感染拡大に伴う諸外国との往来制限が徐々に緩和される中、海上保安庁では、オンライン会議等の手段も用いて、立ち止まることなく、各種国際業務に取り組みました。

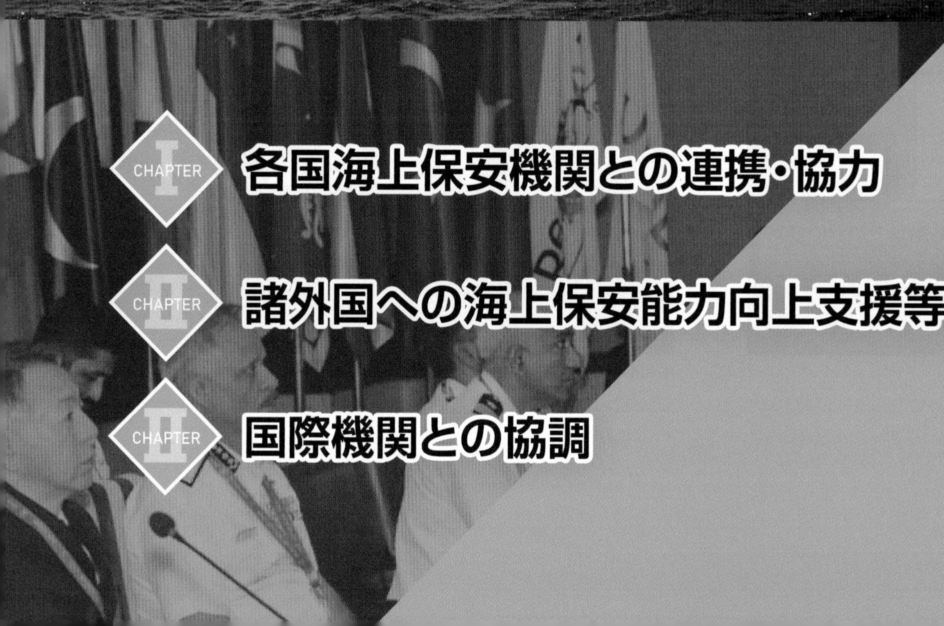

CHAPTER I 各国海上保安機関との連携・協力

CHAPTER II 諸外国への海上保安能力向上支援等の推進

CHAPTER III 国際機関との協調

7 海をつなぐ

CHAPTER 1 各国海上保安機関との連携・協力

犯罪は国際犯罪組織が関与するものも発生し、事故・災害は大規模化する傾向にある中、一つの国が管轄権を行使できる海域には制約があります。

海に関する問題は、一つの国で解決することが困難なものが多く、海でつながる諸外国と連携・協力して対処することが極めて重要です。海上保安庁では、諸外国との合同訓練や共同パトロール等を通じ、これら海上保安機関間の協力関係を実質的な活動に発展させるよう主導し、さまざまな分野で連携・協力を図っています。

多国間での連携・協力

1 世界海上保安機関長官級会合（CGGS：Coast Guard Global Summit）

近年、地球規模の自然環境や社会環境の変化により、海洋においても、大規模な自然災害による被害や、薬物犯罪等国境を越える犯罪の脅威が拡大しています。このような地球規模の課題が拡がる中、平和で豊かな海を次世代に継承していくためには、平和と治安の安定機能としての役割を担う海上保安機関が世界的に連携し協力することが強く求められるようになりました。

海上保安庁では、法の支配に基づく海洋秩序の維持等の基本的な価値観を共有し、世界の海上保安機関が力を結集してこれらの課題に取り組むため、平成29年から世界各国の海上保安機関等のトップが一堂に会する「**世界海上保安機関長官級会合**」を日本財団と共催しています。

令和元年に東京において開催された「第2回**世界海上保安機関長官級会合**」では、世界各国の海上保安機関が、"the first responders and front-line actors"（海上で「最初に」「最前線で」活動する機関）として共通する行動理念の理解を深めました。

令和3年11月には、史上最多となる、世界から計98の海上保安機関等（88か国及び10の国際組織）の実務者の参加を得て、「第2回世界海上保安機関実務者会合」を初めてオンラインで開催し、今後の会合ではオンラインと対面を併用したハイブリッド形式での会議の開催を可能とすることやオンライン等を活用した海上保安分野の人材育成プログラムを継続実施していくことなどについて、実務者間で合意しました。

令和4年11月には、「世界の海上保安機関のネットワークの活性化及び強化」をテーマに**CGGS**では初の試みとなるオンラインシンポジウムを開催しました。シンポジウムでは、米国沿岸警備隊による基調講演や海上保安庁、ギリシャ沿岸警備隊、国連薬物犯罪事務所（UNODC）、欧州海上安全庁（EMSA）によるパネルディスカッションを実施し、これまで**CGGS**が果たしてきた役割を確認するとともに、この枠組を効果的に活用して世界の海上保安機関間のネットワークを強化する方策について議論しました。

令和元年　第2回世界海上保安機関長官級会合

令和4年　CGGSオンラインシンポジウム

◆ 多国間での連携・協力

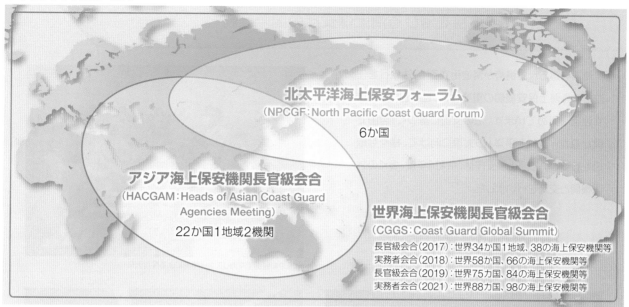

北太平洋海上保安フォーラム
(NPCGF：North Pacific Coast Guard Forum)
6か国

アジア海上保安機関長官級会合
(HACGAM：Heads of Asian Coast Guard Agencies Meeting)
22か国1地域2機関

世界海上保安機関長官級会合
(CGGS：Coast Guard Global Summit)
長官級会合(2017)：世界34か国1地域、38の海上保安機関等
実務者会合(2018)：世界58か国、66の海上保安機関等
長官級会合(2019)：世界75カ国、84の海上保安機関等
実務者会合(2021)：世界88カ国、98の海上保安機関等

② 北太平洋海上保安フォーラム（NPCGF）

北太平洋海上保安フォーラムは、北太平洋地域の6か国（日本、カナダ、中国、韓国、ロシア、米国）の海上保安機関の代表が一堂に会し、北太平洋の海上の安全・セキュリティの確保、海洋環境の保全等を目的とした各国間の連携・協力について協議する多国間の枠組であり、海上保安庁の提唱により、平成12年から開催されています。

このフォーラムの枠組の下、参加6か国の海上保安機関は、北太平洋の**公海**における違法操業の取締りを目的とした漁業監視共同パトロールや、現場レベルでの連携をより実践的なものとするための多国間多目的訓練（MMEX）等を行っています。また、今後の連携・協力の方向性やこれまでの活動の成果について議論するため、例年、長官級会合（サミット）と、実務者による専門家会合を開催しています。

令和4年9月には、長官級会合がオンライン形式で開催

令和4年北太平洋海上保安フォーラムサミット（オンライン形式）の様子

され、参加6カ国が連携して実施する取組及び今後の活動の方向性について議論が行われたほか、海上での犯罪取締り等に関する情報交換も行われ、北太平洋の治安の維持と安全の確保における多国間での連携・協力の推進が確認されました。

③ アジア海上保安機関長官級会合（HACGAM）

アジア海上保安機関長官級会合は、海上保安機関の長官級が一堂に会して、アジアでの海上保安業務に関する地域的な連携強化を図ることを目的とした多国間の枠組であり、海上保安庁の提唱により、平成16年から開催されています。

令和4年10月には、長官級会合がインドで開催され、新たに国連薬物犯罪事務所国際海上犯罪プログラム（UNODC-GMCP）の参加等について合意がなされました。よって、参加国等は22か国・1地域・2機関となりました。また令和3年12月から、情報共有のプラットフォームとなる**HACGAM**ウェブサイトの正式運用が始まりました。

海上保安庁は、アジア地域の諸外国海上保安機関と、ウェブサイトも活用しつつ地域的な連携強化に取り組みます。

令和4年アジア海上保安機関長官級会合の様子

7

海をつなぐ

■本文中の**太字の語句**は、143ページからの「**語句説明**」に解説を掲載しています。

注目を浴びる海上保安庁の国際業務

海洋を巡る世界情勢が緊迫化する中、法執行を任務とする海上保安機関の重要性は、世界的にますます注目を集めています。法の支配に基づく「自由で開かれたインド太平洋」の実現に向けて、様々な取組を行っている海上保安庁は、令和4年度、多くの外国機関と交流を行いました。

米国沿岸警備隊マカリスター中将による長官表敬

ニュージーランド海軍本部長による長官表敬

欧州議会議員団との意見交換（長官）

イタリア財務警察長官及び駐日イタリア大使による海上保安監表敬

米国沿岸警備隊長官交代式への出席（総務部長）

米国沿岸警備隊任務遂行長官補佐及び国際外交部長への表敬（総務部長）

ベトナム海上警察第二管区司令官への表敬（総務部参事官）

1 アメリカ

　海上保安庁は米国沿岸警備隊（USCG）を模範として設立、平成22年には「海上保安庁とUSCGとの間の覚書」を署名・交換しました。同覚書に基づき、巡視船艇の相互訪問等の職員交流並びに情報共有・交換を実施しています。

　また令和4年5月、米国沿岸警備隊との間で協力覚書に係る付属文書を署名しました。これにより、今後、日米海上保安機関の連携はより一層密になるとともに、日米間の取組は「サファイア」と呼称されました。この「サファイア」の取組として、令和4年には密輸容疑船捕捉訓練及び捜索救助訓練、令和5年には洋上吊上げ救助訓練を実施しました。

　海上保安庁は、世界の海上保安機関の連携協力を主導しており、インド太平洋地域の外国海上保安機関に対して海上犯罪の取締り等に必要な能力向上支援にも取り組んでいます。日米海上保安機関合同訓練を通じて、両機関の海上法執行の手法や手続に関する相互理解を深め、互いの能力を向上させるとともに、この実績を積み重ね、外国海上保安機関への能力向上支援等にも反映させていくこととしています。

令和5年 米国沿岸警備隊との合同訓練（於：鹿児島湾）

令和4年 海上保安監と米国沿岸警備隊太平洋方面司令官との付属文書署名式

2 韓国

　海上保安庁と韓国海洋警察庁は、海域を接する両国間における海上の秩序の維持を図り、幅広い分野での相互理解・業務協力を推進するため、平成11年からこれまでに合計18回、日韓海上保安当局間長官級協議を開催しています。

　令和4年10月には第七管区海上保安本部と南海地方海洋警察庁が、11月には第八管区海上保安本部と東海地方海洋警察庁が、双方の船艇・航空機を用いた日韓合同捜索救助訓練を実施しました。

3 ロシア

　海上保安庁とロシア連邦保安庁国境警備局は、海上での密輸・密航等の不法活動の取締り等に関する相互協力のため、平成12年に締結した「日本国海上保安庁とロシア連邦国境警備庁（現ロシア連邦保安庁国境警備局）との間の協力の発展の基盤に関する覚書」に基づき、これま

で原則年1回の長官級会合のほか、日露合同訓練等を実施し、協力関係の推進を図っています。

　令和4年度は新型コロナウイルス感染症の影響により両機関の対面での交流はできませんでしたが、継続して連携・協力を行っています。

4 インド

　海上保安庁とインド沿岸警備隊は、平成11年に発生した、「アロンドラ・レインボー」号（日本人船長・機関長が乗船）がマラッカ海峡で**海賊**に襲われた事件で、インド沿岸警備隊が海軍と連携して**海賊**を確保したことを契機に、平

成12年以降、定期的に、長官級会合や連携訓練を実施しており、平成18年に「海上保安庁とインド沿岸警備隊との間の協力に関する覚書」を締結し、連携協力関係の強化を継続しています。

令和4年4月には、インド・ゴアで開催されたインド国家油汚染対応訓練(NATPOLREX)への招待を受けて**機動防除隊**等2名を派遣し、事案対応に関する講演を行いました。

令和4年9月には、日印海上保安機関長官級会談を東京にて約2年半ぶりとなる対面形式で開催し、研修・訓練などの分野において両機関が連携・協力していくことで一致しました。

令和4年 日印海上保安機関長官級会談

令和4年 NATPOLREXにおける講演の状況

❺ ベトナム

平成27年9月、海上保安庁とベトナム海上警察(VCG)は、海上法執行機関として、安全で開かれ安定した海を維持することが両国の繁栄に寄与するとの価値観を共有し、海上保安分野に係る人材育成、情報の共有と交換の維持などについて協力覚書を締結しました。

令和4年12月には、VCGとの間で第9回目となる実務者会合を開催し、**海上保安庁モバイルコーポレーションチーム(MCT)**による研修をはじめとする、VCGに対する今後の支援の方向性について合意するとともに、令和5年2月には長官級会合を開催しました。

令和4年 日越実務者会合

令和5年 日越長官級会合

❻ インドネシア

令和元年6月、海上保安庁とインドネシア海上保安機構(BAKAMLA)は、海上安全に係る能力向上、情報共有、定期的な会合の開催等に関し、両機関の連携強化を目的とした協力覚書を締結しました。(令和4年7月更新)

令和4年11月には、BAKAMLAとの間でオンライン形式による年次会合を開催し、今後の支援の方向性について合意しました。

令和4年 日尼年次会合(オンライン)

フィリピン

平成29年1月、海上保安庁とフィリピン沿岸警備隊（PCG）は、海上保安に関する人材育成、情報交換など、協力を行う分野を明確化し、両機関の更なる協力・連携関係の強化を目的とした協力覚書を締結しました。

令和4年5月には、長官級会合を開催し、今後の支援の方向性について合意しました。また同月、PCGにODAの枠組で供与した2隻目となる97m級巡視船の出港式が開催されました。

令和4年 日比長官級会合

 フランス

令和3年7月、海上保安庁とフランス海洋総局との間で、**海洋状況把握（MDA）**を含む海洋安全保障分野における情報共有を推進する更なる協力のためのロードマップに署名しました。

令和5年2月には、日本とフランスの間で第2回日仏包括的海洋対話を開催し、海上保安庁とフランス海洋総局との間で、**MDA**を含む海洋安全保障における情報共有を推進するために更なる連携強化を図ることを確認しました。

フランス海洋総局副局長による長官表敬

国際緊急援助活動について

我が国は、海外の地域、特に開発途上にある海外の地域において、大規模な災害が発生した場合、被災国政府又は国際機関の要請に応じ、救助や災害復旧等の活動を行う国際緊急援助隊を派遣しており、海上保安庁の職員も国際緊急援助隊の一員として派遣され、多くの災害事案等に対応しているほか、必要な訓練を実施しています。

国際緊急援助隊救助チームの活動 令和5年 トルコにおける地震災害対応

JICA提供

7 海をつなぐ

◆ 海上保安庁国際緊急援助隊派遣実績

救助チーム		
	派遣先	派遣日程
都市型捜索救助活動		
1	エジプト（エジプト・ビル崩壊災害）	H8.10.30〜H8.11.6　8日間　4名
2	トルコ（トルコ南部地震災害）	H11.8.17〜H11.8.24　8日間　7名
3	台湾（台湾中部地震災害）	H11.9.21〜H11.9.28　8日間　13名
4	アルジェリア（アルジェリア地震災害）	H15.5.22〜H15.5.29　8日間　14名
5	モロッコ（モロッコ地震災害）	H16.2.25〜H16.3.1　6日間　5名
6	タイ（タイプーケット津波災害）	H16.12.29〜H17.1.8　11日間　13名
7	パキスタン（パキスタン地震災害）	H17.10.9〜H17.10.18　10日間　13名
8	中国（四川省地震災害）	H20.5.15〜H20.5.21　7日間　13名
9	インドネシア（スマトラ島パダン沖地震災害）	H21.10.1〜H21.10.8　8日間　13名
10	ニュージーランド（ニュージーランド南島での地震災害）	第1陣　H23.2.23〜H23.3.3　9日間 第2陣　H23.2.28〜H23.3.8　9日間 第3陣　H23.3.6〜H23.3.12　7日間　25名
11	ネパール（ネパール中部地震災害）	H27.4.26〜H27.5.9　14日間　14名
12	メキシコ（メキシコにおける地震被害）	H29.9.21〜H29.9.28　8日間　14名
13	トルコ（トルコ地震災害）	R5.2.6〜R5.2.15　10日間　14名
その他の捜索救助活動		
1	マレーシア・オーストラリア（マレーシア航空機消息不明事案）	全派遣日程 H26.3.12〜H26.4.4　24日間 マレーシア拠点捜索 H26.3.14〜H26.3.25　12日間 オーストラリア拠点捜索 H26.3.26〜H26.4.2　8日間　ガルフV1機・28名
計		ガルフV1機・176名

専門家チーム（油防除専門家）		
	派遣先	派遣日程
1	サウジアラビア（ペルシャ湾流出油回収）	第1陣　H3.3.30〜H3.4.19　21日間 第2陣　H3.4.21〜H3.5.11　21日間　3名
2	シンガポール（シンガポール石油流出災害）	H9.10.18〜H9.11.1　15日間　5名
3	フィリピン（ギマラス島沖油流出）	H18.8.22〜H18.8.29　8日間　3名
4	韓国（忠清南道沖油流出）	H19.12.15〜H19.12.23　9日間　3名
5	フィリピン（台風30号（ヨランダ）災害）	H25.12.4〜H25.12.13　10日間　4名
6	モーリシャス（モーリシャス沖油流出）	R2.8.10〜R2.8.23　14日間　4名
7	フィリピン（ミンドロ島沖油流出）	R5.3.10〜R5.3.21　12日間　5名
計		27名

専門家チーム（器材取扱い指導等）		
	派遣先	派遣日程
1	台湾（台湾東部地震災害）	H30.2.9〜H30.2.11　3日間　1名
計		1名

今後の取組

　海上保安庁は、「自由で開かれたインド太平洋」の実現に向けて、法の支配に基づく自由で開かれた海洋秩序の維持・強化のため、二国間・多国間会合や合同訓練等を通じ、各国の海上保安機関との連携・協力を推進していきます。

CHAPTER II 諸外国への海上保安能力向上支援等の推進

主要な物資やエネルギーの輸出入のほとんどを海上輸送に依存する我が国にとって、海上輸送の安全確保は、安定した経済活動を支える上でも極めて重要です。

しかしながら、世界的にも重要な海上交通路である**マラッカ・シンガポール海峡**やソマリア沖・アデン湾では**海賊**事案が発生するなど、航行の安全を脅かす事案が発生しています。

海上保安庁では、東南アジアをはじめとした周辺国に対し、海上保安庁が有する知識技能を伝え、各国の海上保安能力の向上を目指した支援を通じ、海上輸送の安全確保に貢献しています。

令和4年度の現況

1 インド太平洋沿岸国への支援

海上保安庁では、インド太平洋沿岸国の海上保安機関に対する海上保安能力向上支援を図るため、国際協力機構（JICA）や日本財団の枠組を通じて、制圧、鑑識、捜索救難、潜水技術、油防除、海上交通安全、**海図**作製分野等に関する専門知識や高度な技術を有する海上保安官や能力向上支援の専従部門である**海上保安庁モバイルコーポレーションチーム（MCT）**を各国に派遣し支援しているほか、各国の海上保安機関の職員を日本に招へいして研修を実施しています。

◆ **海上保安庁の主な能力向上支援の実績**（平成28年～）

- MCT派遣
- 海賊対処派遣
- 練習船寄港
- 二国間長官級会合
- 多国間会合（ホスト国）
- 海上保安政策プログラム

フィリピンに対する支援

海上保安庁は、フィリピン沿岸警備隊（PCG）に対して、平成12年から、海上保安行政全般に関するアドバイザーとして、長期専門家を派遣しているほか、平成14年から平成24年までの10年間、海難救助、海洋環境保全・油防除、航行安全、海上法執行、教育訓練の分野における人材育成支援のためのJICA技術協力プロジェクトを実施しました。平成25年からは、海上法執行実務の能力強化支援のためのJICA技術プロジェクトを開始し、長期専門家に加えて**MCT**等を派遣するなどして、法執行訓練、船艇の維持管理・運用の研修等を通じた支援を実施しています。令和4年度は我が国ODAでPCGに供与された97m級巡視船の乗組員に対して日本国内で大型巡視船の運用方法に関する事前演習を1月に実施しました。

また、**MCT**を、4月、6月、10月の計3回フィリピンに派遣し、日本から供与された大型巡視船を使用してのえい航訓練、搭載艇訓練、安全運航講習及び制圧訓練などを、日米で連携協力して実施しました。

インドネシアに対する支援

令和2年1月にインドネシア海上保安機構（BAKAMLA）を中心とした同国海上保安関係機関の能力向上支援のJICA技術協力が開始されて以来、海上保安庁では定期的に**MCT**等を現地に派遣するなどして支援を実施しています。

令和4年度は7月と令和5年1月に**MCT**を現地に派遣し、海上法執行に関する研修や制圧訓練を実施しました。また7月の派遣時には海上保安大学校教授による国際法

海をつなぐ 7

に関する講義を調整して実施しました。このような現地派遣による対面での意見交換を行うとともに、オンラインでの定期会合を通じて今後の支援方針などについて相互理解に努めています。

マレーシアに対する支援

海上保安庁は、マレーシア海上法令執行庁（MMEA）が設立される前の平成17年から長期専門家を現地に派遣して、組織体制作りや人材育成のためのJICA技術協力プロジェクトを実施しています。平成23年7月からは、海上法執行、海難救助、教育訓練分野を強化するため長期専門家を派遣し、組織犯罪等の情報収集・分析・捜査や特殊救難技術に関するセミナーや研修訓練等を実施しています。

令和4年度は、令和5年1月にMCTを現地派遣してワークショップや制圧訓練などを実施しました。また、令和5年2月から3月にかけて、海上保安大学校潜水教官、**特殊救難隊**員及び**潜水士**を現地に派遣して、MMEAの潜水指導者及び**潜水士**に対して技術指導を実施しました。

ベトナムに対する支援

海上保安庁は、平成27年9月に締結したベトナム海上警察（VCG）との協力覚書に基づき、**MCT**等を派遣してVCGの能力向上を支援しています。

また、令和2年9月からVCGの能力強化のためのJICA技術協力が開始され、海上保安庁では、定期的に**MCT**等を派遣して支援を実施しています。

令和4年8月には**MCT**を現地に派遣して、**漂流予測**、海上犯罪取締り等に関する講義、机上演習及びVCG巡視艇を被疑船舶に見立てた立入検査実習を行いました。

ジブチに対する支援

海上保安庁は、JICAによる「ジブチ沿岸警備隊能力拡充プロジェクト」の一環として、平成25年から定期的に短期専門家を派遣するなどして、海上法執行の分野における能力向上を支援しています。

ジブチ沿岸警備隊職員に対する制圧訓練

令和4年度は、7月、11月から12月、令和5年1月から2月の計3回**MCT**を派遣し、海上法執行等に関する能力向上支援を実施しました。

スリランカに対する支援

海上保安庁では、平成26年度から、**機動防除隊**等をスリランカ沿岸警備庁（SLCG）に派遣して、油防除に関する能力向上支援を行っています。

令和4年7月から、SLCGにおける油防除技術の指導者を育成するためのJICA技術協力プロジェクトが開始され、今後三カ年かけて能力向上支援を実施する予定です。

このプロジェクトの一環として、令和4年10月と12月にオンライン形式で油防除に関する研修を実施しました。令和5年2月には現地に**MCT**及び**機動防除隊**等を派遣して、油防除に関する技術指導を実施しました。

スリランカ沿岸警備庁に対するオイルフェンス展張訓練

パラオに対する支援

海上保安庁は、平成30年からパラオ海上警備・魚類野生生物保護部（DMSFWP）※に対して、海上保安アドバイザーを派遣するとともに、平成31年からは、**MCT**を定期的に派遣するなどして、日本財団から同国に供与されたパトロール艇を活用した研修等を実施し、海難救助や海上法執行の分野における能力向上支援を実施しています。

令和4年5月及び令和5年1月に日本財団及び笹川平和財団の支援の下、**MCT**をパラオに2回派遣して、DMSFWP職員に救急・救助技能に関する能力向上支援を実施しました。

※令和3年9月30日から「海上法令執行部（DMLE）」から「海上警備・魚類野生生物保護部（DMSFWP）」に名称変更

DMSFWP巡視船乗組員に対する救急・救助技能訓練

Column 15 「うん！ママいまいんど！」 〜我が家のインド出張〜

「MCT」モバイルコーポレーションチームをご存知でしょうか。私は、4月に育休から復帰、MCTに配属され、現在はフレックスタイム・テレワークを活用し、幼児3人の育児・家事を夫と分担しながら勤務しています。

そんな中、インドは、我が家の歴史に残る出張となりました。8月、アジア海上保安機関実務者級会合（HACGAM）の人材育成ワーキンググループにて MCTの活動を紹介するため、ニューデリーへ行って参りました。

ママが一週間も不在なんて…。これまでもストレスが原因で、蕁麻疹、拒食といった症状が出たことのある子供達。子供達の不安を少しでも取り除くため取り組んだのは、世界地図を題材にした絵本の読み聞かせでした。「インドってどんなところ？」「海の向こうだって」「毎日カレー食べるの、いいなぁ。」インド民話の絵本も合わせ、インドへの親近感を持ってもらいました。

出発日には、カレンダーの帰国日に印を付け、笑顔で送り出してくれました。そして無事に、出張を終えることができました。不在中は両親の支援と夫の頑張りが、何より家庭を支えてくれました。

「今日はママはお仕事かな？」との問いに、「うん！ママいまいんど！」と得意気に答えた長女の様子は、保育園の職員室で話題になったとか。

多くの方に、海上保安庁の国際業務について興味を持っていただければ、幸いです。

HACGAM人材育成
ワーキンググループ
（私は左から3番目です。）

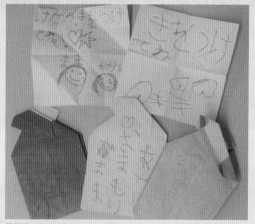

子供達からのおまもり、おてがみ

複数国に対する支援

❶ アジア・大洋州沿岸国への支援

開発途上国の海上交通安全を図るため、主にアジア・大洋州を対象に、平成15年からシンガポールにおいてJICA第三国研修を実施しています。この研修は日本とシンガポールとの政府間協定に基づき、海上交通に関する世界的な基準や日本とシンガポールでの取組などを対象

国の政府機関等の職員に共有するものです。海上保安庁は、毎年同研修に講師を派遣しており（※）、令和3年度までに、延べ30か国の376名に対し研修を実施しました。
（※令和3年度はオンライン研修）

海をつなぐ

② ASEAN諸国への支援

ASEAN周辺海域は、**マラッカ・シンガポール海峡**など多数の貨物船が行き交う国際的な海上交通路を有しており、日本に向かう原油タンカーの9割近くが通過するなど日本の生命線となっています。

近年、ASEAN諸国の経済成長に伴う港湾の発展、船舶の大型化・高速化・通航隻数の増加、急激な気候変動による自然災害の増加など、ASEAN周辺海域をとりまく環境が大きく変化しており、海上保安庁は同海域における船舶の安全を守るため、関係機関と連携しさまざまな支援を実施しています。

●VTS（Vessel Traffic Service）センターの人材育成

ASEAN諸国ではレーダーや無線などを活用して船舶の管制や情報提供を実施するVTSセンターの整備が進んでいますが、一方で同センターを運用する人材不足が課題となっていま

ASEAN地域訓練センターにおける訓練状況

す。このため日本は、日ASEAN交通連携の枠組のもと、ASEAN共同の研修施設として平成29年7月にマレーシアにASEAN地域訓練センターを設立し、ASEAN 10ヵ国のVTS管制官等を育成する研修を実施しています。

海上保安庁は、関係機関と連携してASEAN地域訓練センターの設立に主導的な役割を果たすとともに、機材の維持管理、研修内容の調整など運営全般において支援を継続しています。

●マラッカ・シンガポール海峡共同測量への技術的協力

マラッカ・シンガポール海峡における通航量の増大及び通航船舶の大型化に対応するため、最新技術による同海峡の精密水路測量と電子**海図**の高度化について、沿岸3か国（マレーシア、インドネシア、シンガポール）からの協力要請を受け、海上保安庁は、関係機関と協力しつつ、水路測量に係る技術的な協力を行っています。本プロジェクトでは、**マラッカ・シンガポール海峡**の分離通航帯全域を対象とした水路測量の実施及び電子**海図**の更新を目指しています。

③ ソマリア沖・アデン湾沿岸国に対する支援

海上保安庁では、ソマリア沖・アデン湾の沿岸国に対しても、東南アジア諸国への支援の経験をふまえたさまざまな支援を行っています。

令和4年10月から11月にかけて、国際協力機構（JICA）の協力のもと、JICA課題別研修（海上犯罪取締り）を開催し、アジア・アフリカ等の海上保安機関の現場指揮官クラスを招へいし、**海賊**対策をはじめとする海上犯罪取締り能力を強化することを目的とした国際犯罪の取締り等に関す

る講義等の研修を行いました。この研修は、「**海賊**対策国際会議」（平成12年4月・東京）の中で合意された「アジア**海賊**対策チャレンジ2000」に基づき行われているもので、平成13年度の開始から今年で22回目となり、これまでに計37か国1地域、380名を受け入れています。平成20年度以降は、ソマリア周辺海域における**海賊**対策強化の必要性が高まったことを受け、アジア諸国のほか、中東、東アフリカ諸国の海上保安機関職員を招へいしています。

④ 各国水路機関への支援

海上保安庁では、昭和46年から、独立行政法人国際協力機構（JICA）と協力し、アジアやアフリカなどの開発途上国において水路測量業務に従事する水路技術者を対象とした課題別研修を毎年実施し、途上国の**海図**作製能力を向上させることで、世界における航海の安全に貢献しています。これまでに、44か国から約442名の水路技術者が本研修に参加し、各国の水路業務分野で活躍する人材を輩出してきました。

新型コロナウイルス感染症の世界的流行により本研修は一時中断となりましたが、令和4年度から国内での研修を再開しました。

本研修は、JICAが実施する本邦研修のうち、国際資格が取得できる唯一の研修です。本研修を修了した研修員には、水路測量国際B級資格※が付与され、修了者の多くが各国水路当局の幹部として活躍しています。

JICA課題別研修「海図作成技術コース」の研修状況

※各国の教育機関が実施する水路測量技術者養成コースに対し、水路測量等の国際基準を定める国際委員会（IBSC）により認定される資格で、国際A級、B級の2つに分かれる。

❺ 海上保安政策プログラム

　アジア諸国の海上保安機関の相互理解の醸成と交流の促進により、海洋の安全確保に向けた各国の連携協力、認識共有を図るため、平成27年10月、海上保安政策に関する修士レベルの教育を行う「**海上保安政策プログラム**」（Maritime Safety and Security Policy Program）を開講し、アジア諸国の海上保安機関職員を受け入れて能力向上支援を行っています。本プログラムでは、その教育を通じ、①高度の実務的・応用的知識、②国際法・国際関係についての知識・事例研究、③分析・提案能力、④国際コミュニケーション能力を有する人材を育成することを目指しています。

　本プログラム卒業生には、海上保安分野の国際ネットワーク確立のための主導的役割を発揮することが期待され、現在、第8期生（インド、インドネシア、モルディブ、フィリピン、スリランカ、日本）が、高い知識の習得と共有認識の形成に向け日々研鑽を続けています。なお、本プログラムは、海上保安大学校、政策研究大学院大学、独立行政法人国際協力機構（JICA）及び日本財団が連携・協働して実施しています。

◆ 政策プログラム　構造図

概　要

政策研究大学院大学 NATIONAL GRADUATE INSTITUTE FOR POLICY STUDIES　← 連携 →　海上保安大学校 Japan Coast Guard Academy　← 協働 →　日本財団 THE NIPPON FOUNDATION

JICA ジャイカ 独立行政法人国際協力機構

政策プロフェッショナルの養成／海外研修生の生活面を支援／海上保安庁幹部職員の養成／日本財団HP

前半6ヶ月 於：東京都港区（10月〜）　　後半6ヶ月 於：広島県呉市（4月〜）

海上保安政策プログラムのこれまでの歩み

平成27年10月	海上保安政策プログラムの開講
平成28年9月	・第1期生が学位修士（政策研究）を取得 ・安倍総理大臣を表敬訪問
平成29年9月	修了生を招聘し、世界海上保安機関長官級会合にオブザーバー参加
平成30年8月	修了生を招聘し、安倍総理大臣を表敬訪問
令和元年11月	・修了生を招聘し、世界海上保安機関長官級会合にオブザーバー参加 ・安倍総理大臣と記念撮影
令和3年8月	菅総理大臣表敬訪問
令和4年9月	岸田総理大臣表敬訪問
令和4年10月	第8期生開講

国別参加実績

	平成28年2期生	平成29年3期生	平成30年4期生	令和元年5期生	令和2年6期生	令和3年7期生	令和4年8期生	合計／人
インドネシア	1	0	0	0	0	0	1	4
マレーシア	2	3	2	1	0	0	0	10
フィリピン	2	1	1	1	2	0	1	10
ベトナム	0	0	1	0	0	0	0	3
スリランカ		1	2	2	2	2	1	10
インド			1	1	0	0	0	3
タイ				1	1	0	0	2
バングラデシュ						2	0	2
モルディブ							1	1
日本	1	2	2	2	2	1	2	14
合計	6	7	9	8	7	5	7	59

法の支配に基づく自由で開かれたインド太平洋の実現に向けて 〜第73回国連総会における安倍総理大臣一般討論演説（抄）〜

- ◦太平洋とインド洋、「2つの海の交わり」に、ASEAN諸国があります。
（略）私が「自由で開かれたインド太平洋戦略」を言いますのは、まさしくこれらの国々、（略）、インドなど、思いを共有するすべての国、人々とともに、開かれた、海の恵みを守りたいからです。
- ◦洋々たる空間を支配するのは、制度に裏打ちされた法とルールの支配でなくてはなりません。そう、固く信じるがゆえにであります。
先日、マレーシア、フィリピン、スリランカから日本に来た留学生たちが、学位を得て誇らしげに帰国していきました。学位とは、日本でしか取れない修士号です。
- ◦海上保安政策の修士号。目指して学ぶのは、日本の海上保安庁が送り出す学生に加え、アジア各国の海上保安当局の幹部諸君で、先日卒業したのはその第3期生でした。
- ◦海洋秩序とは、力ではなく法とルールの支配である。そんな普遍の心理を学び、人生の指針とするクラスが、毎年日本から海に巣立ちます。実に頼もしい。自由でオープンなインド・太平洋の守り手の育成こそは、日本の崇高な使命なのです。

自由で開かれたインド・太平洋

（平成30年9月25日）

令和元年11月21日 海上保安政策プログラム在学生・修了生と総理との記念撮影（第2回世界海上保安機関長官級会合）

令和4年9月13日　岸田総理表敬（第7期生）

今後の取組

　海上保安庁は、各国の海上保安機関設立時の支援や、長官級による会合を主導するとともに、これまで東南アジアの海上保安機関を中心に、81か国3地域から延べ約1900名の研修員を本邦へ招へいするなどし、また30か国へ延べ約900名の職員を派遣して、地域の海上保安能力向上に貢献しています。今後も、**海上保安政策プログラム**をはじめ、各種枠組を通じた協力・連携を推進し、能力向上に関する更なる支援を実施していきます。

CHAPTER III 国際機関との協調

海に関して、関係各国が連携・協調しつつ、各国が有する知識・技能を世界共通のものとしていくため、さまざまな分野の国際機関が存在します。海上保安庁では、さまざまな業務を通じて得られた知識・技能を活かし、国際社会に貢献するため、これらの国際機関の取組みに積極的に参画しています。

令和3年の現況

1 国際海事機関（IMO）での取組

IMOは、船舶の安全や船舶からの海洋汚染の防止等の海事問題に関する国際協力を促進するために設立された国連の専門機関で、現在175の国が正式加盟国、3地域が準加盟となっています。

令和3年、IMOの委員会である海上安全委員会（MSC）がオンライン形式で開催されたことから、海上保安庁職員が同委員会へ出席し、文書の提案等を行い、航行の安全及び船舶からの汚染の防止・規制に係る事項等の国際議論に貢献しました。

潮岬沖推薦航路の設定について

令和4年11月2日から11日にかけて開催された、国際海事機関（IMO）の第106回海上安全委員会において、我が国が提案した和歌山県潮岬沖における推薦航路が採択されました。

推薦航路とは、海上人命安全条約（SOLAS条約）第V章第10規則に基づき、IMOが航路を指定する制度の一つで、中心線を定めることにより、対面通航を推奨するものです。

和歌山県潮岬の沿岸は、東京湾、伊勢湾、大阪湾などを結ぶ海上交通の要衝となっており、外国船舶を含む船舶の通航量が多く、加えて漁業活動も活発な海域です。推薦航路の設定により船舶交通の整流化が図られるとともに、国際的にも広く認知され安全性の向上が期待されます。

なお、潮岬推薦航路は潮岬灯台の南3.5海里以内を航行する船舶に対して適用され、令和5年6月1日、日本時間午前9時から運用を開始します。

※推薦航路は、海図上に航路の中心線、航行方向が記されるほか、航路の西端位置、東端位置及び適用海域の範囲を示す位置にバーチャルAIS航路標識のシンボルマークが記載されます。

② 国際水路機関（IHO）での取組

IHOは、より安全で効率的な航海の実現のため、**海図**などの水路図誌の国際基準策定、水路測量技術の向上や各国水路当局の活動の協調を目的とし昭和45年に設立された国際機関で、現在98か国が加盟しています。

IHOは地域的な連携の促進や課題の解決のため、世界の各地域に地域水路委員会を設置しており、我が国は東アジア水路委員会（EAHC）に昭和46年設立当時から加盟しています。海上保安庁は、50年以上に渡りシーレーン沿岸国において水路測量や**海図**作製技術向上に貢献しており、平成30年9月のEAHC総会においてEAHCの議長国に就任し、議長国として域内の技術向上や航海安全に取り組んできました。

令和4年9月、海上保安庁がEAHC議長国として開催した第14回EAHC総会では、我が国のリーダーシップの下、EAHC加盟国の活動報告が行われたほか、EAHCにおける人材育成や今後の運営方針等について活発な議論が交わされ、東アジアにおける水路機関の連携を深めることができました。総会の最後には、副議長国のインドネシアに議長職を引き継ぎました。

令和4年10月には、第6回**IHO**理事会がモナコで開催され、理事国である我が国は、**IHO**の運営や計画に係る重要議題について積極的に発言し、日本のプレゼンスを示すとともに、IHO活動方針の決定に多大に貢献しました。

令和4年には、IHOとユネスコ政府間海洋学委員会（IOC）が共同で設置し、世界の海底地形名を標準化する「**海底地形名小委員会**」が2回開催され、日本提案の海底地形名14件が承認されました。同委員会では、海上保安庁海洋情報部技術・国際課海洋研究室長が副議長を務めています。

第6回IHO理事会の様子

EAHC議長交代式の様子

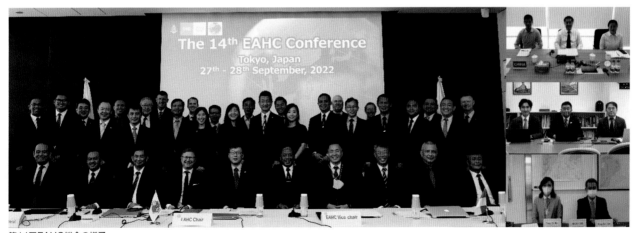

第14回EAHC総会の様子

❸ 国際航路標識協会（IALA）での取組

IALAは、航路標識の改善、船舶交通の安全等を図ることを目的とした国際的な組織で、現在93の国家会員その他工業会員等が加盟しています。また、そのうち24か国は理事国に選任され、国際基準等の承認手続きを行っており、日本は昭和50年から理事国に選任されています。

加えて、IALAの常設技術委員会の一つであるENAV委員会議長に交通部企画課国際・技術開発室専門官が、平成28年から就任しています。これは航行援助分野における国際活動に対する海上保安庁の取組及び同委員会議長としてのこれまでの実績が評価されたものです。

❹ アジア海賊対策地域協力協定・情報共有センター（ReCAAP−ISC）での取組

アジア**海賊**対策地域協力協定（ReCAAP）とは、我が国の主導で締結されたアジアの**海賊**・海上武装強盗問題に有効に対処するための地域協力を促進するための協定です。この協定に基づき、情報共有、協力体制構築のため、平成18年にシンガポールに情報共有センター（ISC）が設立されました。設立以来、海上保安庁は、このISCへ職員1名を派遣し、**海賊**情報の収集・分析・共有及び法執行能力向上支援を積極的に推進しており、令和4年12月には、締約国の実務者トップを対象とした会議「Capacity Building Senior Officer's Meeting（CBSOM）2022」

Capacity Building Senior Officer's Meeting2022の様子
出典：ReCAAP-ISC

（フィリピンで開催）に参画するなど、アジア地域における**海賊**対策に係る各種取組に貢献しています。

❺ 北西太平洋地域海行動計画（NOWPAP）での取組

NOWPAPは国際連合の機関である国連環境計画（UNEP）提唱のもと、閉鎖水域の海洋汚染の管理及び資源の管理を目的とした地域海計画（RSP）の一つで、北西太平洋地域4か国（日本、韓国、中国及びロシア）により採択されています。海上保安庁は、この計画の中でデータ情報ネットワークに関する地域活動センター（DINRAC）、海洋環境緊急準備・対応に関する地域活動センター（MERRAC）において会合等に参加し、同地域の海洋汚染の防止及び海洋環境保全のための取組に積極的に関与・貢献しています。

語句説明・索引／
図表索引

INDEX

DATA

資料編

語句説明・索引

サ行

語句説明・索引

水路通報 110, 126
航路標識の変更など海図を最新維持するために必要な情報、船舶交通の安全のために必要な情報等を掲載したものです。毎週1回発行し、インターネット等により提供しています。

世界海上保安機関長官級会合（CGGS） 128, 139
「CGGS」の項目を参照ください。

接続水域 009, 019, 020, 022, 105
領海の基線からその外側24海里（約44km）の線までの海域（領海を除く。）で、沿岸国が、自国の領域における通関、財政、出入国管理（密輸入や密入国等）又は衛生（伝染病等）に関する法令の違反の防止及び処罰を行うことが認められた水域です。

潜水士 038, 041, 042, 043, 047, 076, 077, 078, 085, 094, 095, 136
海難等が発生した場合に人命救助等を行うため、潜水作業に必要な知識、能力を有する者をいいます。救助活動の中核となる潜水指定船に配置されています。

走錨 097, 100, 115, 116, 124
風などの船に働く外力が、錨が船を一定の場所に留める力より大きいとき、錨が海底をすべってしまうことをいいます。

タ行

大陸棚 024, 054, 104, 105, 106, 108
領海の基線からその外側200海里（約370km）の線までの海域（領海を除く。）の海底及びその下です。大陸棚は原則として領海の基線から200海里ですが、地質的及び地形的条件等によっては国連海洋法条約の規定に従い延長することができます。

大陸棚においては、大陸棚を探査し及びその天然資源を開発するための主権的権利を行使することが認められています。

担保金制度 085
国連海洋法条約等の規定に基づき、外国船舶の航行の利益に配慮するために創設されたもので、海洋汚染等及び海上災害の防止に関する法律等に違反した者が、担保金等の提供があった場合に釈放される制度です。

低潮線 024, 102, 103, 105, 106
干満により海面が最も低くなったときに陸地と水面の境界となる線です。国連海洋法条約上、領海の幅を測定する根拠となります。

電子海図表示システム（ECDIS） 108, 110
「ECDIS」の項目を参照ください。

特殊救難隊 008, 025, 026, 038, 041, 043, 077, 078, 094, 136
危険物積載船の火災消火、転覆船や沈没船内からの人命の救出、ヘリコプターからの降下・吊上げ救助等、高度で専門的な知識技能を必要とする「特殊海難」に対応することを任務としています。

ナ行

日本海洋データセンター（JODC） 108, 109
「JODC」の項目を参照ください。

日本の船位通報制度（JASREP） 081
「JASREP」の項目を参照ください。

ハ行

排他的経済水域（EEZ） 022, 023, 024, 027, 065, 085, 102, 103, 104, 105, 106
「EEZ」の項目を参照ください。

漂流予測 079, 092, 136
海面に浮遊している物体（漂流物）について、海流、風等の影響を受けて漂流する経路を予測することをいいます。予測結果は、迅速かつ的確な捜索救助、油防除等に活用しています。

ふくそう海域 111, 114
東京湾、伊勢湾、瀬戸内海及び関門港（海上交通安全法または港則法適用海域に限る。）のことをいいます。

マ行

マラッカ・シンガポール海峡 071, 135, 138
東南アジアのマレー半島とスマトラ島の間に位置し、船舶交通がふくそうする世界有数の海峡です。我が国にとっても輸入原油の約9割が通航する極めて重要な海峡であり、海上保安庁では、本文中の記載内容のほかにも水路測量等に協力しています。

メディカルコントロール体制 079
救急救命士及び救急員が実施する救急救命処置等は、救急医療の進歩に伴い、処置範囲が拡大する傾向にあり、これらの救急救命処置等を医学的・管理的観点から保障する体制のことをいいます。海上保安庁では、平成17年に「海上保安庁メディカルコントロール協議会」を発足させ、医師からの直接指示、実施した救急救命処置等に関する事後検証、さらに病院における研修訓練について検討し、救急救命処置等の質の向上を図っています。

ヤ行

薬物・銃器関係法令 062
薬物関係法令及び銃器関係法令をあわせたものです。薬物関係法令には「覚醒剤取締法」、「麻薬及び向精神薬取締法」、「あへん法」、「大麻取締法」等が、銃器関係法令には「銃砲刀剣類所持等取締法」、「火薬類取締法」があります。

語句説明・索引

数字

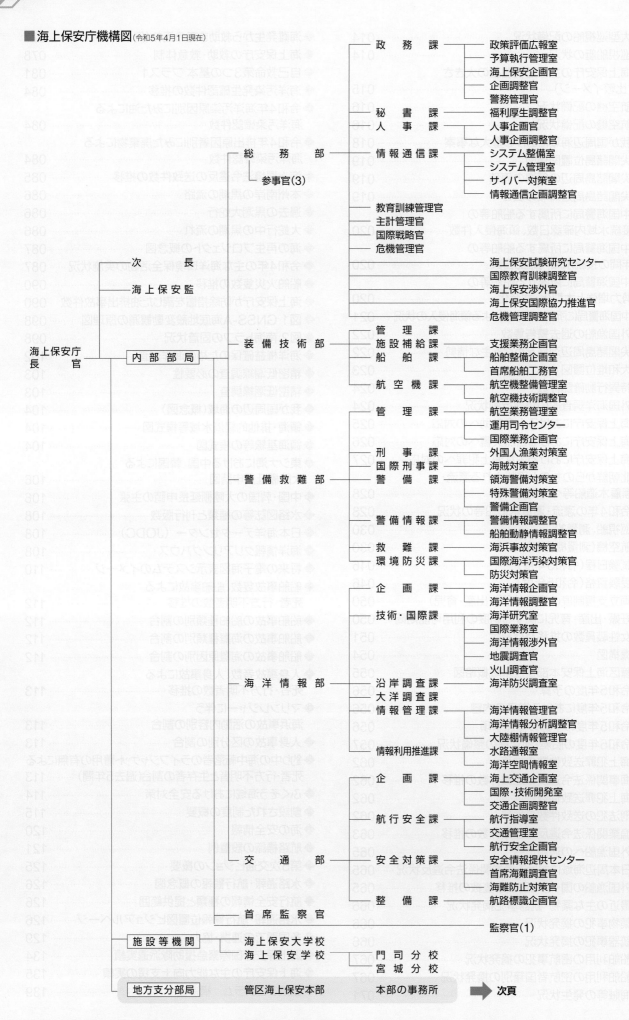

資料編

■ 海上保安庁機構図（令和5年4月1日現在）

■ 地方支分部局機構図（令和5年4月1日現在）

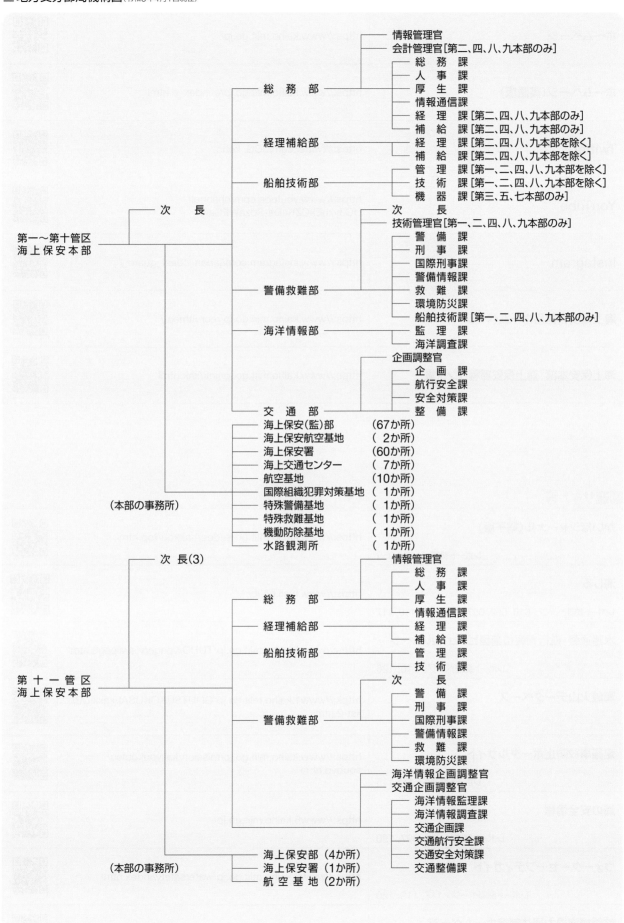

第一〜第十管区
海上保安本部

次　長
- 総　務　部
  - 情報管理官
  - 会計管理官［第二、四、八、九本部のみ］
  - 総　務　課
  - 人　事　課
  - 厚　生　課
  - 情報通信課
  - 経　理　課［第二、四、八、九本部のみ］
  - 補　給　課［第二、四、八、九本部のみ］
- 経理補給部
  - 経　理　課［第二、四、八、九本部を除く］
  - 補　給　課［第二、四、八、九本部を除く］
- 船舶技術部
  - 管　理　課［第一、二、四、八、九本部を除く］
  - 技　術　課［第一、二、四、八、九本部を除く］
  - 機　器　課［第三、五、七本部のみ］
- 警備救難部
  - 次　長
  - 技術管理官［第一、二、四、八、九本部のみ］
  - 警　備　課
  - 刑　事　課
  - 国際刑事課
  - 警備情報課
  - 救　難　課
  - 環境防災課
  - 船舶技術課［第一、二、四、八、九本部のみ］
- 海洋情報部
  - 監　理　課
  - 海洋調査課
- 交　通　部
  - 企画調整官
  - 企　画　課
  - 航行安全課
  - 安全対策課
  - 整　備　課

（本部の事務所）
- 海上保安（監）部　　（67か所）
- 海上保安航空基地　　（ 2か所）
- 海上保安署　　　　　（60か所）
- 海上交通センター　　（ 7か所）
- 航空基地　　　　　　（10か所）
- 国際組織犯罪対策基地（ 1か所）
- 特殊警備基地　　　　（ 1か所）
- 特殊救難基地　　　　（ 1か所）
- 機動防除基地　　　　（ 1か所）
- 水路観測所　　　　　（ 1か所）

第十一管区
海上保安本部

次　長(3)
- 総　務　部
  - 情報管理官
  - 総　務　課
  - 人　事　課
  - 厚　生　課
  - 情報通信課
- 経理補給部
  - 経　理　課
  - 補　給　課
- 船舶技術部
  - 管　理　課
  - 技　術　課
- 警備救難部
  - 次　長
  - 警　備　課
  - 刑　事　課
  - 国際刑事課
  - 警備情報課
  - 救　難　課
  - 環境防災課
- 海洋情報企画調整官
- 交通企画調整官
  - 海洋情報監理課
  - 海洋情報調査課
  - 交通企画課
  - 交通航行安全課
  - 交通安全対策課
  - 交通整備課

（本部の事務所）
- 海上保安部（4か所）
- 海上保安署（1か所）
- 航空基地（2か所）

資料編

海上保安庁

ホームページ	https://www.kaiho.mlit.go.jp/	
ホームページ（英語版）	https://www.kaiho.mlit.go.jp/e/index_e.html	
Twitter	https://twitter.com/JCG_koho	
YouTube	https://www.youtube.com/channel/UC3yxhEkCZKaDa-SdzaWECaQ	
Instagram	https://www.instagram.com/japan_coast_guard_/	
海上保安官採用ホームページ	https://www.kaiho.mlit.go.jp/recruitment/	
海上保安本部、海上保安部等リンク集	https://www.kaiho.mlit.go.jp/link/link.html	

関連サイト等

かいほジャーナル（電子版） レポート関連ページ ▶ 059	https://www.kaiho.mlit.go.jp/doc/hakkou/top.html	
海しる レポート関連ページ ▶ 010, 092, 097, 108, 109, 110, 117	https://www.msil.go.jp/	
水路通報・航行警報位置図ビジュアルページ レポート関連ページ ▶ 110, 126	https://www1.kaiho.mlit.go.jp/TUHO/vpage/visualpage.html	
海域火山データベース	https://www1.kaiho.mlit.go.jp/GIJUTSUKOKUSAI/kaiikiDB/list-2.htm	
走錨事故防止ポータルサイト レポート関連ページ ▶ 115	https://www.kaiho.mlit.go.jp/mission/kaijyoukoutsu/soubyo.html	
海の安全情報 レポート関連ページ ▶ 097, 120	https://www6.kaiho.mlit.go.jp/	
ウォーターセーフティガイド レポート関連ページ ▶ 117, 119, 120	https://www6.kaiho.mlit.go.jp/watersafety/index.html	
航路標識協力団体制度ホームページ レポート関連ページ ▶ 010, 122	https://www.kaiho.mlit.go.jp/soshiki/koutsuu/post-15.html	

海上保安レポート 2023

令和5年5月12日 発行 　　　定価は表紙に表示してあります。

編　集	海 上 保 安 庁
	〒100-8918
	東京都千代田区霞が関2-1-3
	電話（03）3591-6361（代表）

発　行	日経印刷株式会社
	〒102-0072
	東京都千代田区飯田橋2-15-5
	電話（03）6758-1011（代表）

発　売	全国官報販売協同組合
	〒100-0013
	東京都千代田区霞が関1-4-1
	電話（03）5512-7400

落丁・乱丁本はおとりかえします。

ISBN978-4-86579-362-8

政 府 刊 行 物 販 売 所 一 覧

政府刊行物のお求めは、下記の政府刊行物サービス・ステーション（官報販売所）
または、政府刊行物センターをご利用ください。

（令和5年3月1日現在）

◎政府刊行物サービス・ステーション（官報販売所）

	〈名　称〉	〈電話番号〉	〈FAX番号〉		〈名　称〉	〈電話番号〉	〈FAX番号〉
札　幌	北海道官報販売所 （北海道官書普及）	011-231-0975	271-0904	名古屋駅前	愛知県第二官報販売所 （共同新聞販売）	052-561-3578	571-7450
青　森	青森県官報販売所 （成田本店）	017-723-2431	723-2438	津	三重県官報販売所 （別所書店）	059-226-0200	253-4478
盛　岡	岩手県官報販売所	019-622-2984	622-2990	大　津	滋賀県官報販売所 （澤五車堂）	077-524-2683	525-3789
仙　台	宮城県官報販売所 （仙台政府刊行物センター内）	022-261-8320	261-8321	京　都	京都府官報販売所 （大垣書店）	075-746-2211	746-2288
秋　田	秋田県官報販売所 （石川書店）	018-862-2129	862-2178	大　阪	大阪府官報販売所 （かんぽう）	06-6443-2171	6443-2175
山　形	山形県官報販売所 （八文字屋）	023-622-2150	622-6736	神　戸	兵庫県官報販売所	078-341-0637	382-1275
福　島	福島県官報販売所 （西沢書店）	024-522-0161	522-4139	奈　良	奈良県官報販売所 （啓林堂書店）	0742-20-8001	20-8002
水　戸	茨城県官報販売所	029-291-5676	302-3885	和 歌 山	和歌山県官報販売所 （宮井平安堂内）	073-431-1331	431-7938
宇 都 宮	栃木県官報販売所 （亀田書店）	028-651-0050	651-0051	鳥　取	鳥取県官報販売所 （鳥取今井書店）	0857-51-1950	53-4395
前　橋	群馬県官報販売所 （煥乎堂）	027-235-8111	235-9119	松　江	島根県官報販売所 （今井書店）	0852-24-2230	27-8191
さいたま	埼玉県官報販売所 （須原屋）	048-822-5321	822-5328	岡　山	岡山県官報販売所 （有文堂）	086-222-2646	225-7704
千　葉	千葉県官報販売所	043-222-7635	222-6045	広　島	広島県官報販売所	082-962-3590	511-1590
横　浜	神奈川県官報販売所 （横浜日経社）	045-681-2661	664-6736	山　口	山口県官報販売所 （文栄堂）	083-922-5611	922-5658
東　京	東京都官報販売所 （東京官書普及）	03-3292-3701	3292-1604	徳　島	徳島県官報販売所 （小山助学館）	088-654-2135	623-3744
新　潟	新潟県官報販売所 （北越書館）	025-271-2188	271-1990	高　松	香川県官報販売所	087-851-6055	851-6059
富　山	富山県官報販売所 （Booksなかだ掛尾本店）	076-492-1192	492-1195	松　山	愛媛県官報販売所	089-941-7879	941-3969
金　沢	石川県官報販売所 （うつのみや）	076-234-8111	234-8131	高　知	高知県官報販売所	088-872-5866	872-6813
福　井	福井県官報販売所 （勝木書店）	0776-27-4678	27-3133	福　岡	福岡県官報販売所	092-721-4846	751-0385
甲　府	山梨県官報販売所 （柳正堂書店）	055-268-2213	268-2214		・福岡県庁内	092-641-7838	641-7838
長　野	長野県官報販売所 （長野西沢書店）	026-233-3187	233-3186		・福岡市役所内	092-722-4861	722-4861
岐　阜	岐阜県官報販売所 （郁文堂書店）	058-262-9897	262-9895	佐　賀	佐賀県官報販売所	0952-23-3722	23-3733
静　岡	静岡県官報販売所	054-253-2661	255-6311	長　崎	長崎県官報販売所	095-822-1413	822-1749
名 古 屋	愛知県第一官報販売所	052-961-9011	961-9022	熊　本	熊本県官報販売所	096-354-5963	352-5665
豊　橋	・豊川堂内	0532-54-6688	54-6691	大　分	大分県官報販売所 （大分図書）	097-532-4308 097-553-1220	536-3416 551-0711
				宮　崎	宮崎県官報販売所 （田中書店）	0985-24-0386	22-9056
				鹿 児 島	鹿児島県官報販売所	099-285-0015	285-0017
				那　覇	沖縄県官報販売所 （リウボウ）	098-867-1726	869-4831

◎政府刊行物センター（全国官報販売協同組合）

	〈電話番号〉	〈FAX番号〉
霞 が 関	03-3504-3885	3504-3889
仙　台	022-261-8320	261-8321

各販売所の所在地は、コチラから→ https://www.gov-book.or.jp/portal/shop/